↑
Discussion aquatique
Maintenance du matériel de télémétrie acoustique installé dans le Rhône pour suivre les déplacements des anguilles argentées lors de leur phase de dévalaison, dans le cadre du projet DAARAC.
Unité RiverLy, centre INRAE Lyon-Grenoble-Auvergne-Rhône-Alpes.

↑
Poisson à la loupe
Tri des poissons après un trait de chalut dans le cadre du contrôle de surveillance des poissons dans les estuaires.

INRAE réalise des campagnes de pêche au chalut à perche dans l'estuaire de la Gironde à l'aide de l'*Esturial*, un catamaran équipé pour des campagnes de pêche d'échantillonnage.
Unité EABX, centre INRAE Nouvelle-Aquitaine-Bordeaux.

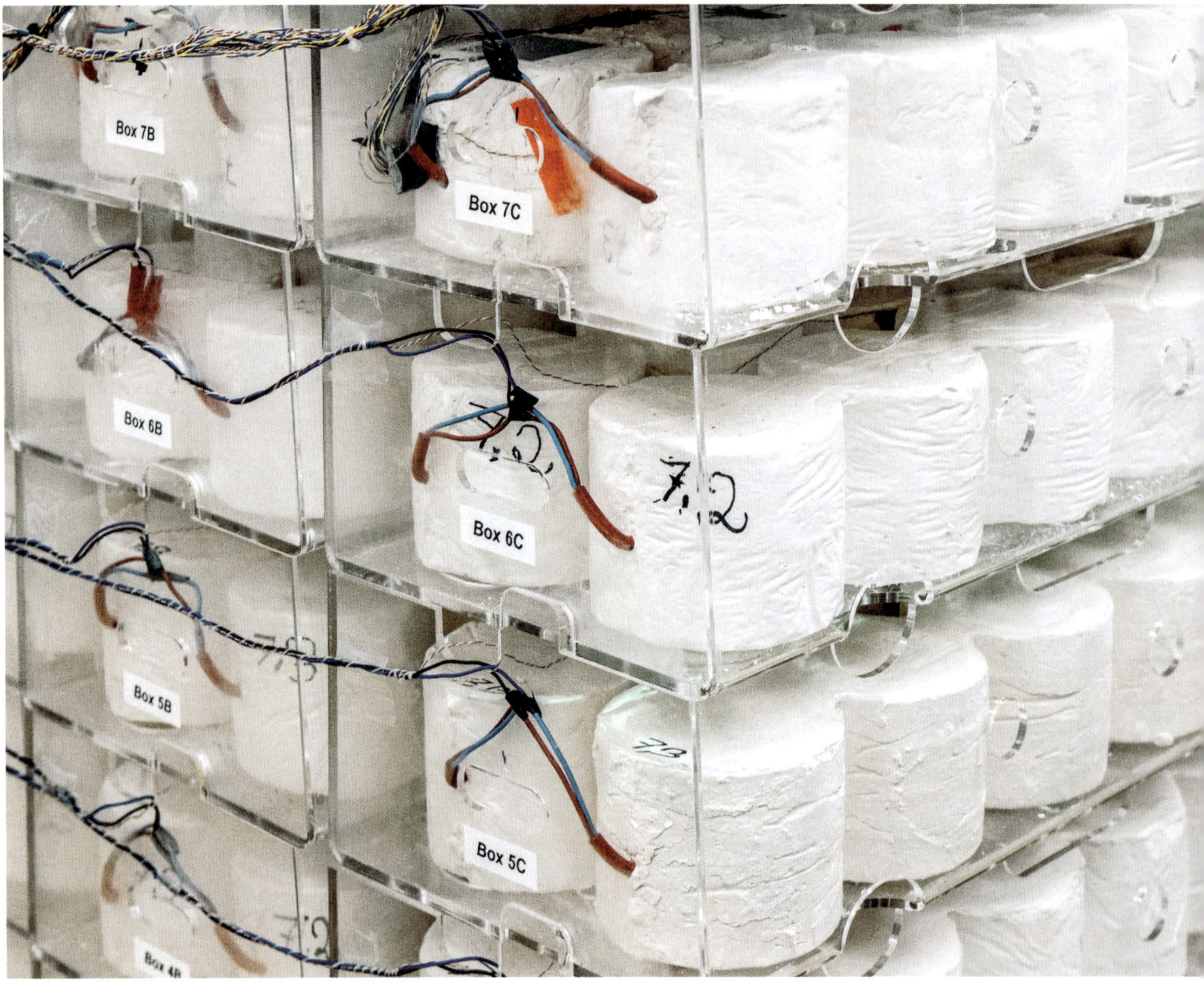

↑
Tout un fromage
Cet empilement de fromages est traversé par des flux d'air qui émettent de la chaleur. C'est ce qu'étudie l'unité de recherche FRISE, qui développe des travaux dans le domaine frigorifique, de la production de froid à la conservation des aliments dans la chaîne du froid.
Centre INRAE Île-de-France-Jouy-en-Josas-Antony.

→
Fromage fouetté
Cuve fermée pour la fabrication de fromages à pâtes pressée et cuite. La machine découpe le lait coagulé en grains, qui sont ensuite brassés, chauffés, moulés, pressés, salés et affinés pendant deux mois. L'objectif : étudier comment la répartition des sels entre la phase solide et liquide du lait influence la coagulation enzymatique.
Unité science et technologie du lait et de l'œuf, centre INRAE Bretagne-Normandie.

NOX

↑
Bienvenue dans la ruche
Visite d'une colonie d'abeilles domestiques pour évaluer leur état de santé et leurs performances, estimer la quantité de couvain et peser la colonie, dans le cadre d'un dispositif d'observation en milieu ouvert.

35
16

↑
À la recherche de la reine
La reine est le seul individu reproducteur au sein des colonies d'abeilles domestiques. Un marquage sur le thorax est réalisé pour faciliter son suivi au cours de la saison apicole. Ce marquage fait partie d'un dispositif d'observation des abeilles en milieu ouvert.

→
Les pieds dans l'eau
Cette campagne d'échantillonnage de macro-invertébrés permet de suivre l'évolution de la biodiversité des rivières alpines face au retrait glaciaire.
Unité RiverLy, centre INRAE Lyon-Grenoble-Auvergne-Rhône-Alpes.

→ [page suivante]
Racines en tube
Installés sur la plateforme 4PMI de Dijon, les rhizotubes développés par INRAE et Inoviaflow permettent d'analyser en continu le système racinaire des plantes, aidant à la recherche agronomique et au développement de pratiques agricoles durables.
Centre INRAE Bourgogne-Franche-Comté.

OURS

Éditeur
Institut national de la recherche pour l'agriculture, l'alimentation et l'environnement
147, rue de l'Université, 75338 Paris cedex 07

INRAE

Impression
Biprint (78920 Ecquevilly)

Dépôt légal
Été-Automne 2024
Tirage 6 500 ex. / ISSN 2804 7559
EAN 978-2-7592-3900-9

Directeur de publication
Philippe Mauguin, PDG d'INRAE

Direction éditoriale
Comité éditorial *Ressources*

Rédactrice en chef
Aliette Maillard

Coordination éditoriale
Anaïs Nectoux et Amaya Renaudin

Cheffe de projet
Danaé Larivierre

Secrétariat de rédaction
Élodie Ruhr

Design graphique
Marge Design

Illustrations
Lou Rihn *p. 16-17, 30, 52-53, 68-69, 71, 76-77*
Lionel Serre *p. 51, 55, 63, 65, 72, 100*

Autres rubriques
La rédaction

Dossiers
Société
Pilotes scientifiques : Christian Huyghe, Thierry Caquet, Claire Rogel-Gaillard, Xavier Fernandez, Edwige Quillet, Florence Gondret, Muriel Vayssier-Taussat et Sylvain Pellerin

Conception-rédaction : Alice Vettoretti et Aliette Maillard

Décryptage
Pilotes scientifiques : Muriel Vayssier-Taussat et Catherine Bastien

Conception-rédaction : Yann Chavance

Futurs
Pilotes scientifiques : Christophe Soulard et Christine Aubry

Conception-rédaction : Élodie Regnier

Nous remercions tous les contributeurs et les personnes citées dans ces dossiers pour leur temps et leur science.

SOMMAIRE #6

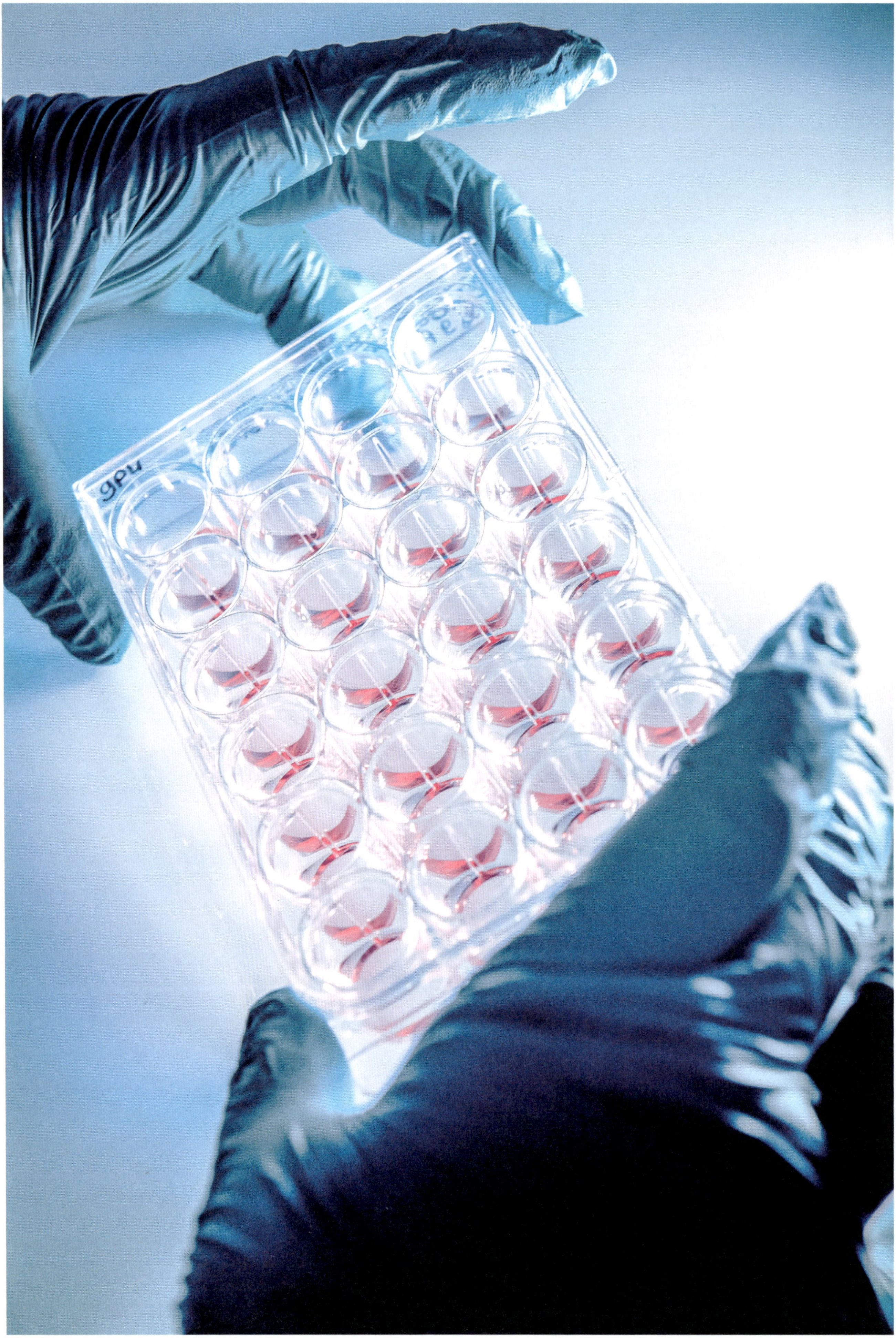
gpu

Approches globales

Confrontés à de multiples défis, de la lutte contre le dérèglement climatique à la souveraineté alimentaire, de la concurrence internationale aux attentes des citoyens en matière de bien-être animal, de nombreux éleveurs s'interrogent sur l'avenir de leur activité. Comment concilier performance économique, sociale et environnementale des systèmes d'élevage ? Bien-être animal et attractivité du métier d'éleveur ? Ces questions sont cruciales alors que près de la moitié des éleveurs pourrait partir à la retraite dans les dix prochaines années. Sans être exhaustif, et en amont des questions de politiques publiques, ce dossier *Quels défis pour des élevages durables?* présente les résultats de la recherche menée avec les professionnels et les instituts techniques, testée en laboratoire et éprouvée en système sur le terrain pour des élevages durables.
Les maladies infectieuses font désormais partie de nos vies et nourrissent nos inquiétudes. Pourquoi se développent-elles ? Comment émergent-elles ? Si le dossier qui leur est consacré donne l'état des connaissances sur ce sujet, il nous rappelle surtout que dans notre monde sans frontières seule l'approche globale « une seule santé », qui intègre la santé humaine, animale et environnementale, saura nous prémunir des prochains fléaux.
Depuis la naissance des villes, l'agriculture urbaine a connu maintes formes. À l'heure où la terre agricole est précieuse et où les villes ont souvent repoussé la nature, quels sont la place et le rôle de ces agricultures particulières, entre alimentation, environnement et lien social ? La recherche nous éclaire sur ses multiples facettes et potentiels.

←
Microbiote et barrière intestinale
Les organoïdes d'intestin de porcelet contenus dans cette plaque de culture cellulaire reproduisent la structure et certaines fonctions de l'intestin. Ils sont utilisés pour comprendre comment le microbiote contribue à la barrière intestinale. Cette plaque est ensuite placée dans un incubateur à 37 °C pour permettre la croissance des organoïdes.
Unité GenPhySE, centre INRAE Occitanie-Toulouse.

QUELS DÉFIS POUR DES ÉLEVAGES DURABLES ?

Les systèmes d'élevage qui contribuent à notre alimentation sont aujourd'hui mis en tension par des impératifs et des demandes sociétales qui poussent les acteurs et les filières à se réinventer. Environnement, bien-être animal mais aussi contribution à la souveraineté alimentaire et attractivité du métier d'éleveur, ce dossier fait un tour d'horizon des questions qui traversent le monde de l'élevage et présente les solutions étudiées et proposées par les scientifiques.

Ce dossier est consacré aux travaux sur les élevages de ruminants, porcins, volailles exclusivement.

1

Quelques types d'élevages

Vaches : laitières et à viande

❶ Les vaches paissent dans des prairies clôturées ou bordées de haies bocagères et d'arbres.

❷ Présence de bouses/fumier et de réservoirs d'eau ou de mares, éléments essentiels à la vie agricole.

❸ Cultures de luzerne et de foin qui complètent l'alimentation des vaches

Zone de bâtiments

❹ Stockage de bottes de paille et de grains

❺ Stabulations et système de distribution des rations

❻ Salle de traite automatisée

❼ Citerne à lait

Élevage pastoral en montagne

60 000 exploitations agricoles valorisent des surfaces pastorales

VACHES : LAITIÈRES ET À VIANDE

ZONE DE BÂTIMENTS

ÉLEVAGE PASTORAL EN MONTAGNE

Élevage de poules
Poulets de chair :
80 % en bâtiments fermés
14 % en systèmes alternatifs (bio ou label rouge) avec accès plein air

Poules pondeuses :
49 % en bâtiments fermés
51 % en bâtiments avec accès plein air

Élevage de porcs
95 % en bâtiments sur caillebotis
5 % se répartissent entre bâtiments avec litière accumulée et élevages en plein air avec abris

Élevage de chèvres
60 % en bâtiments sans accès extérieur
40 % en bâtiments avec accès extérieur

Élevage de moutons/agneaux
90 % troupeaux allaitants (production de viande)
10 % troupeaux laitiers

ÉLEVAGE DE POULES

ÉLEVAGE DE PORCS

ÉLEVAGE DE CHÈVRES

ÉLEVAGE DE MOUTONS / AGNEAUX

ÉTAT DES LIEUX ET PROJECTIONS

La consommation mondiale de viande a doublé depuis les années 1990, bien plus rapidement que l'augmentation de la population. Les Américains (du Nord et du Sud), les Australiens ou les Européens ont doublé leur consommation de produits animaux depuis 50 ans et mangent 2 fois plus de protéines d'origine animale que la moyenne mondiale. En Chine, la consommation de viande par habitant (65 kg en 2022) a quadruplé en 40 ans. La population indienne en revanche reste très faible consommatrice de viande (environ 5 kg/habitant/an), pour partie pour des raisons culturelles ou religieuses. L'Organisation des Nations unies pour l'alimentation et l'agriculture (FAO) a alerté dès 2006 sur le risque que fait peser cette hausse de la demande sur la sécurité alimentaire mondiale [1].
Selon les projections de la FAO, la consommation mondiale de protéines carnées aura augmenté de 9 % en 2032 par rapport à 2022 (+43 millions de tonnes) [2].
Cette augmentation devrait être principalement le fait des pays asiatiques (+26 millions de tonnes), notamment la Chine, et des pays du continent américain (10 millions de tonnes). Une partie de cette évolution tient à la transformation des régimes alimentaires, laquelle est influencée par l'amélioration des revenus et l'urbanisation (voir graphique).
Dans les pays d'Afrique qui se heurtent encore à une faible disponibilité des produits d'élevage, la consommation de viande est faible (20 kg/habitant/an en moyenne sur le continent).

La consommation mondiale de viande a doublé depuis les années 1990.

Elle fait partie pourtant des aliments qui aident à lutter contre l'anémie ferriprive qui touche 52 % des femmes de 15 à 49 ans en Afrique de l'Ouest [3].
Dans les pays à revenus élevés, la consommation de viande atteint un plafond : elle est suffisante sur le plan nutritionnel, voire excessive, et se stabilise sous l'effet des changements de comportements alimentaires.
L'augmentation globale constatée concerne majoritairement la consommation de volailles, d'une part car c'est une des viandes les moins coûteuses et d'autre part car les volailles sont considérées par les consommateurs comme des produits sains, faciles à cuisiner et peu émetteurs de gaz à effet de serre. Enfin, la viande de volaille n'est pas soumise à des interdits religieux, contrairement au porc ou au bœuf.
En France, après une baisse au début des années 2010, la consommation individuelle de viande connaît une très légère hausse depuis quelques années. C'est le résultat de la hausse de consommation des populations jeunes, en particulier de viande hachée, qui contrebalance le changement de régime de certaines populations pour des motivations diverses (par ex., environnement, bien-être animal) et l'augmentation d'une population âgée moins consommatrice. La proportion des différentes viandes, elle, se modifie, « en faveur des viandes de volaille ; celles de bœuf et des « autres viandes » (abats, équidés, lapins, gibiers) diminuent depuis le début des années 80 », comme le souligne le service de la statistique et de la prospective du ministère de l'Agriculture.

La consommation de lait est en forte augmentation à l'échelle mondiale : +1,7 % par an environ sur la dernière décennie. La moyenne mondiale de 118 kg équivalent lait/habitant/an en 2022 [4] cache une forte hétérogénéité : environ 40 kg équivalent lait en Chine, 115 en Inde, et 285 en France.
« En Europe, nos besoins intérieurs plafonnent et nous sommes devenus le premier exportateur mondial de produits laitiers, avec 36 % du total des exportations en valeur en 2022 », souligne Vincent Chatellier, de l'unité Structures et marchés agricoles, ressources et territoires (SMART), à Rennes. L'UE à 27 produit environ 150 millions de tonnes de lait par an, ce qui la situe au 2e rang mondial, derrière l'Inde (200 millions de tonnes par an).

PERTES ET GASPILLAGES

Les pertes et le gaspillage surviennent tout au long de la chaîne alimentaire, les premières sur les phases de production primaire, récolte, transformation et distribution, le second lors de la vente au détail et de la consommation par les ménages. Ils n'englobent pas les cultures destinées à l'alimentation animale ou à la production d'énergie. Les données pour évaluer ces phénomènes sont encore insuffisantes ; cependant une estimation globale de près d'1/3 de la production alimentaire est retenue par la FAO, avec 14 % de pertes et 17 % de gaspillage.

1. Les quatre piliers de la sécurité alimentaire sont la disponibilité, l'accès et l'utilisation des aliments et la stabilité des trois autres dimensions dans le temps. La dimension nutritionnelle fait partie intégrante du concept de sécurité alimentaire et des travaux du Comité de la sécurité alimentaire mondiale (CSA).
2. url.inrae.fr/3V2Hb1P
3. url.inrae.fr/4aqE8F6
4. url.inrae.fr/3yilAbE

PRODUCTION MONDIALE
(MOYENNE 2020-2022)

Viande
346 M
de tonnes en 2022
[+45 % par rapport à 2000]

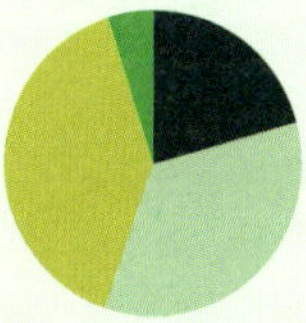

Bovins
71,6 M de tonnes en 2022
(+22 % par rapport à 2000)
Principaux producteurs : États-Unis, Brésil, Chine

Volaille
137,6 M de tonnes en 2022
(+101 % par rapport à 2000)
Principaux producteurs : États-Unis, Chine, Brésil

Porcs
120,7 M de tonnes en 2022
(+35 % par rapport à 2000)
Principaux producteurs : Chine, États-Unis, Allemagne

Ovins et caprins
16,4 M de tonnes en 2020
(+39 % par rapport à 2000)
Principaux producteurs : Nouvelle-Zélande, Australie

Lait
897 M
de tonnes en 2022
[+55 % depuis 2000]

Œufs
897 M
de tonnes
moyenne 2020-2022
[+73 % par rapport à 2000]

PRODUCTION FRANÇAISE

La production française de viande baisse plus vite que la consommation. Ainsi, la France est devenue importatrice, notamment d'Europe, pour les viandes de volailles et d'ovins.

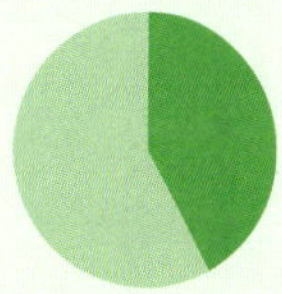

Une part importante du lait produit en France est exportée [près de 42 % en équivalent lait*].

** Chiffre pouvant s'additionner correspondant à la quantité de lait qui a servi à fabriquer un produit laitier.*

CONSOMMATION MONDIALE DE VIANDES
(MOYENNE 2020-2022)

Millions de TEC* / an

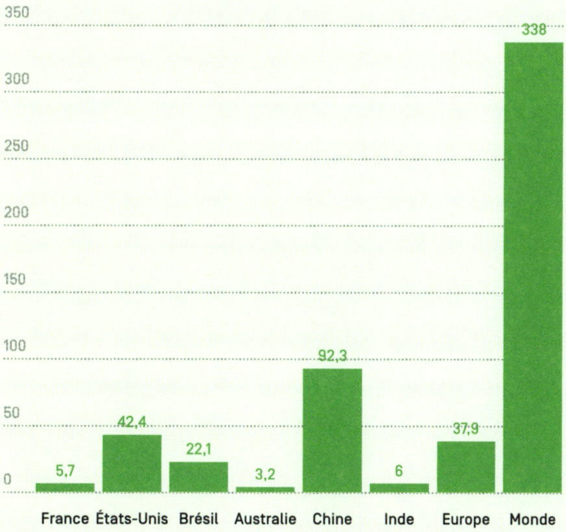

Kg / hab / an

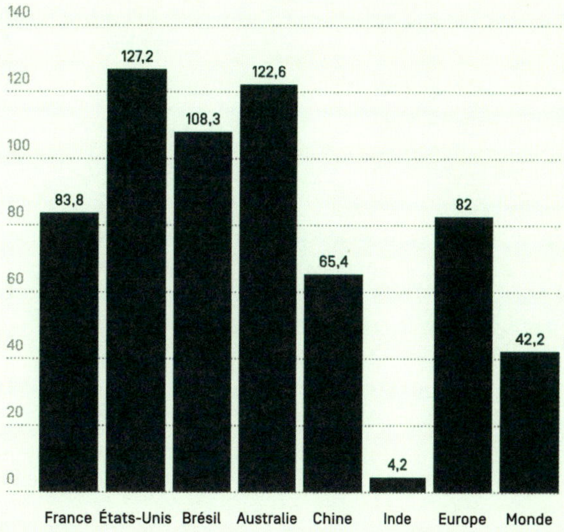

* Tonne équivalent carcasse : unité de masse utilisée afin d'avoir une unité commune entre les carcasses, les produits transformés et les conserves (d'après FranceAgriMer).
Volumes relevés à la sortie des abattoirs, en y ajoutant les importations et en soustrayant les exports.
À noter que dans certains pays où l'abattage est moins réglementé, il est difficile d'avoir des données issues des abattoirs.

Sources : OCDE - FAO

LES NOUVEAUX DÉFIS DE L'ÉLEVAGE

Les produits animaux, reconnus pour leurs propriétés nutritionnelles, voient leur consommation augmenter. Cependant, les élevages pour les produire, de types variés, font face à de multiples défis. La recherche et les acteurs du monde agricole étudient et expérimentent pour inventer des systèmes plus durables. État des lieux.

Les produits animaux[1] ont toujours eu une place privilégiée sur les tables du monde entier, pour celles et ceux qui pouvaient se les offrir. Confortée par les propriétés nutritionnelles qui leur sont reconnues, leur consommation est le premier signe d'un progrès social et elle ne cesse d'augmenter au niveau mondial.
À l'autre bout de la chaîne, les élevages pour les produire sont multiples, de plein air ou dans des espaces offrant de grandes libertés, en enclos ou en cages. Si les exploitations peuvent comporter plus de 100 000 têtes dans les mégastructures en Chine, au Brésil ou en Inde, il existe encore de petites structures avec quelques animaux seulement, dont le modèle économique est le plus souvent familial, tourné vers l'échelle locale. En France, les exploitations sont d'une taille assez homogène, avec quelques rares grandes structures. Quelles que soient leur forme et leur taille, les élevages font face à de nombreux défis.

De nombreux défis à relever

La prévention des maladies infectieuses animales, dont certaines sont transmissibles à l'homme, comme la maladie de la vache folle au début des années 90 ou plus récemment la grippe aviaire, implique la mise en œuvre de mesures qui peuvent aller jusqu'à l'abattage intégral de cheptels. Ces maladies ont transformé les systèmes d'élevage, avec le renforcement des mesures de biosécurité, d'hygiène, et le recours préventif aux antibiotiques lorsque c'est justifié[2]. L'augmentation de la pression sanitaire a alourdi le quotidien des éleveurs qui doivent désormais répondre à des exigences de contrôle et de traçabilité renforcées (relevés sanitaires et registre d'élevage). Ces contraintes peuvent être accrues par les exigences propres aux cahiers des charges de certains labels ou signes de qualité, par ailleurs vecteurs de valeur ajoutée pour les produits animaux.
La prise de conscience de la sensibilité des animaux, portée par des associations engagées, est aujourd'hui documentée par les avancées scientifiques. Elle a conduit à des évolutions de la réglementation, avec une prise en compte croissante du bien-être animal dans les élevages, ainsi qu'à une évolution des conditions d'abattage.
Parallèlement s'est opérée une montée en puissance des préoccupations environnementales associées à l'élevage, dans un contexte de chan-

gement climatique et de dépassement des limites planétaires. La contribution de l'élevage aux émissions directes ou indirectes de gaz à effet de serre (GES) et les impacts environnementaux associés à la production de l'alimentation des animaux d'élevage (déforestation par exemple) ou à la gestion de leurs effluents (pollution des eaux par les nitrates dans les régions à haute densité d'élevages par exemple) sont autant de points critiques.
Pour autant, les chercheurs ont mis en évidence les services environnementaux apportés par les élevages, notamment les systèmes extensifs. Sans élevage, les prairies, qui ont un rôle clé pour la biodiversité et la séquestration du carbone dans les sols, tendraient à disparaître. La valorisation des produits végétaux non consommables par l'homme (coproduits, résidus de culture), l'utilisation de surfaces peu ou non labourables et la production d'engrais organiques sont autant d'éléments indispensables dans une trajectoire de décarbonation des économies.
Au cœur de ces multiples défis posés à l'élevage se trouvent les éleveuses et éleveurs qui, chaque jour sans exception, veillent à leurs animaux dans des conditions de travail (astreinte, pénibilité) qui sont souvent en décalage avec les aspirations individuelles d'aujourd'hui. Parfois endettés pour s'installer, ils sont soumis à la fluctuation des coûts de production (cours des matières premières pour l'alimentation de leurs animaux, prix de l'énergie...) et des prix de marché qui leur laissent une faible prise sur les prix de vente de leurs produits.
Comme pour tout le secteur agricole français où le nombre de travailleurs permanents agricoles a diminué de 40 % entre 2000 et 2020, le métier souffre d'une baisse d'attractivité importante. Or, la moitié d'entre eux sont susceptibles de partir à la retraite d'ici 10 ans. Cette perspective inquiète. Elle peut être cependant l'opportunité d'accélérer le développement de nouveaux systèmes plus durables. Aussi, le renouvellement des générations d'éleveurs est l'une des priorités du projet de loi d'orientation pour la souveraineté agricole et le renouvellement des générations en agriculture bientôt en débat au Parlement et du plan gouvernemental « reconquête de notre souveraineté sur l'élevage ».[3]
En s'appuyant sur des connaissances toujours plus fines, la recherche imagine, expérimente et documente en partenariat avec les instituts techniques agricoles de nouveaux systèmes d'élevage combinant, dans une perspective de performance productive et de rentabilité économique, de bien-être des éleveuses et éleveurs et de valorisation de leur travail, les réponses aux contraintes de l'atténuation et de l'adaptation au changement climatique et du bien-être des animaux. ●

↑
Un chercheur INRAE-ACT prépare ses journées d'observation directe du comportement alimentaire en réalisant une habituation réciproque avec des génisses, dans le parc naturel régional du Massif des Bauges [Savoie].
© INRAE – Michel Meuret

1. Les productions animales englobent la viande, le lait et les produits laitiers (fromage, lait-yaourt, beurre) et les œufs.
2. Recours thérapeutique. On ne parle pas ici du recours de producteurs de certains pays aux antibiotiques comme facteurs de croissance, pratique interdite dans l'Union européenne.
3. url.inrae.fr/3ymg7lj

ÉTAT DES LIEUX EN FRANCE

CONSOMMATION DE PRODUITS ANIMAUX
(EN MILLIERS DE TEC*)

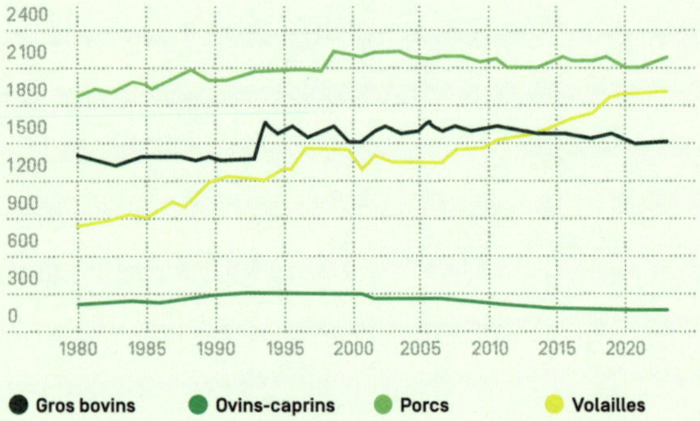

* Tonne équivalent carcasse
Sources : FranceAgriMer d'après SSP et douane française

CONSOMMATION DE PRODUITS LAITIERS
(EN KG/HAB/AN)

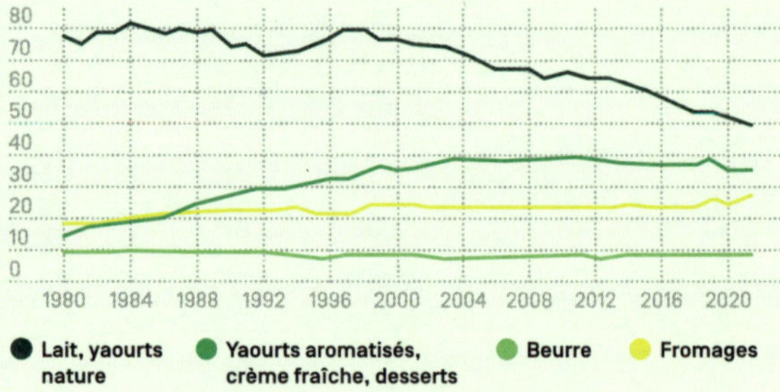

14,2 kg bruts d'œufs par an par personne : la consommation d'œufs est en constante progression depuis 2012.

Sources : Regards d'avenir sur l'élevage en France (Chambres d'agriculture, 2023) – Données d'origine : Agreste/Bouzidi (ITAVI), 2024

TAUX D'AUTO-APPROVISIONNEMENT EN VIANDE (EN %)

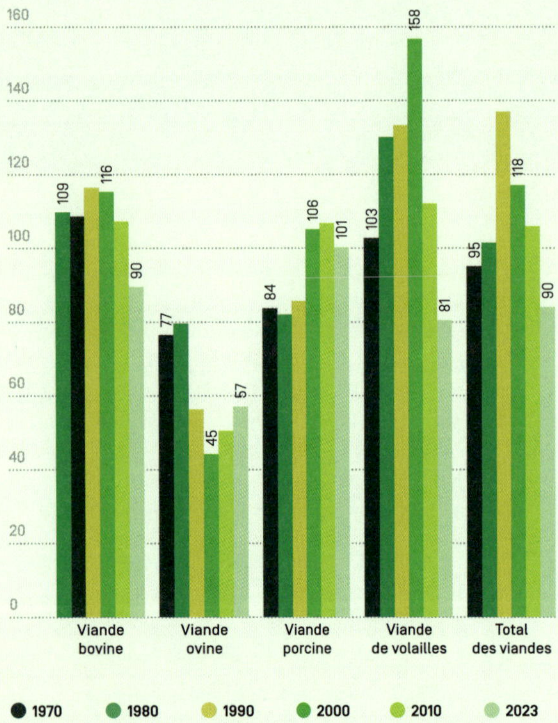

Le taux d'auto-approvisionnement est calculé comme le ratio production/consommation. Un ratio supérieur à 100 % indique schématiquement que la France produit plus qu'elle ne consomme. Elle est donc en capacité apparente d'assurer (au moins en volume et en moyenne) son autosuffisance.

Sources : FranceAgriMer d'après SSP

LES ÉCHANGES EN VIANDES (EN MDS D' €)

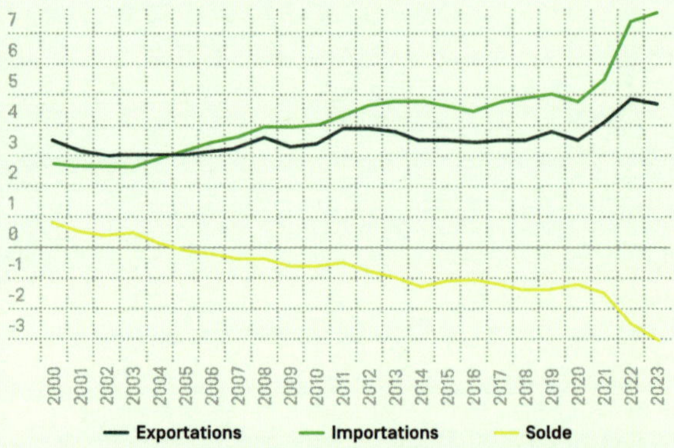

Nette dégradation de la balance commerciale de la France en viandes (+770 M d'euros en 2000 contre - 3 Mds d'euros en 2023), due à l'augmentation des importations, plus forte que celle des exportations.

LES ÉCHANGES EN PRODUITS LAITIERS

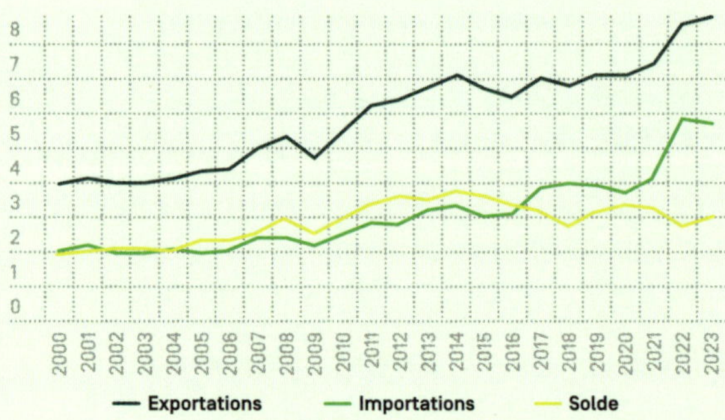

Le solde commercial de la France en produits laitiers a perdu 580 M d'euros entre 2015 et 2023.

Sources : Données des douanes françaises/Traitement INRAE, UMR SMART (V. Chatellier)

CONDITIONS DE TRAVAIL ET ATTRACTIVITÉ

Avec leurs contraintes quotidiennes et des revenus modestes, les métiers agricoles peinent à séduire à la hauteur des besoins. En France, où l'âge moyen des éleveurs dépasse les 50 ans et où près de la moitié sont susceptibles de prendre leur retraite au cours de la prochaine décennie, la situation est préoccupante. Pourtant, des solutions émergent. **Explications.**

Être éleveur, c'est un métier façonné par des défis quotidiens et une charge de travail souvent sous-estimée par le grand public. Celle-ci se répartit entre l'alimentation, les soins portés aux animaux, la traite, mais aussi la culture de plantes fourragères, l'entretien de l'exploitation (bâtiments et surface agricole), du matériel et la gestion de l'exploitation. Et cette profession n'est pas sans risques. En 2017, la Mutuelle Sociale Agricole (MSA) estimait à 34,9 % des accidents du travail en milieu agricole en France ceux dont les victimes exerçaient des activités en rapport avec les animaux vivants. Aussi le nombre de chefs d'exploitation en élevage ne cesse de décroître, avec un taux de remplacement anticipé de 50 % sur 2018-2027 pour les élevages de ruminants (voir p. 24).

De nombreuses solutions sont explorées et mises en place, de l'aide à l'installation pour alléger le risque financier, aux nouvelles formes de gestion par société ou l'intégration croissante d'outils robotiques et numériques. Au-delà de ces solutions spécifiques, il s'agit plus globalement de repenser le travail en élevage pour augmenter son attractivité et garantir un avenir à cette profession qui est essentielle en France et dans le monde.

L'apport de la robotique et du numérique

C'est en 1992 dans la Somme que la première salle de traite robotisée a été installée. Depuis, robots et automatismes se sont développés dans les exploitations sans pour autant se généraliser. Seules 10 % des exploitations françaises de vaches laitières sont équipées en robot de traite quand les pays scandinaves occupent le haut du tableau européen avec 30 % en Suède et 25 % au Danemark. Le renouvellement des générations cependant amplifie le mouvement. Ainsi, 70 % des nouvelles exploitations françaises s'équipent. Les systèmes et applications numériques de surveillance des cheptels se répandent. En pastoralisme, les puces et systèmes GPS permettent de suivre les troupeaux. Les colliers connectés aident à retrouver les individus égarés pour les élevages en plein air, à les contenir sur une zone délimitée mais sans clôture grâce au virtual fencing encore en test, et à relever et transmettre les données sur l'état des animaux libres ou en stabulation, →

LE VOLUME DE TRAVAIL
(EN MILLIERS D'ETP)

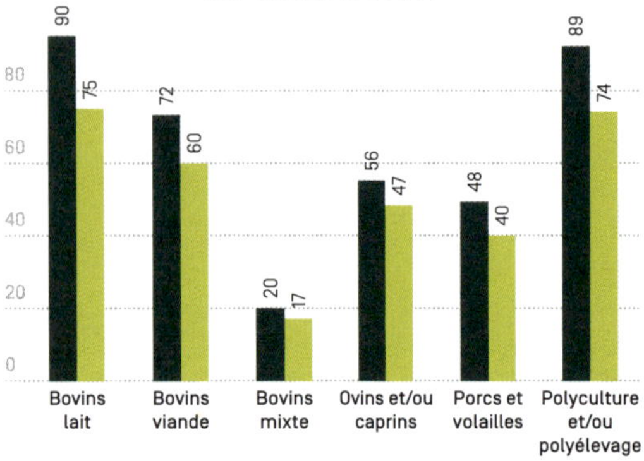

Source : Données Agreste, Recensement agricole ● 2010 ● 2020

ÂGE ET PERSPECTIVE DE DÉPART

Pourcentage des chefs d'exploitations ayant - de 40 ans

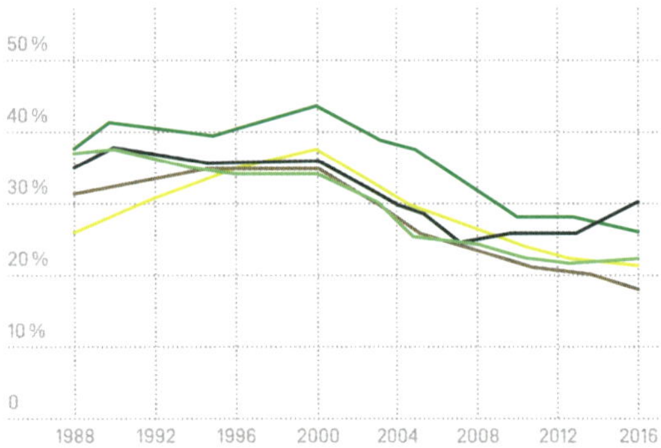

Pourcentage des chefs d'exploitations ayant + de 50 ans

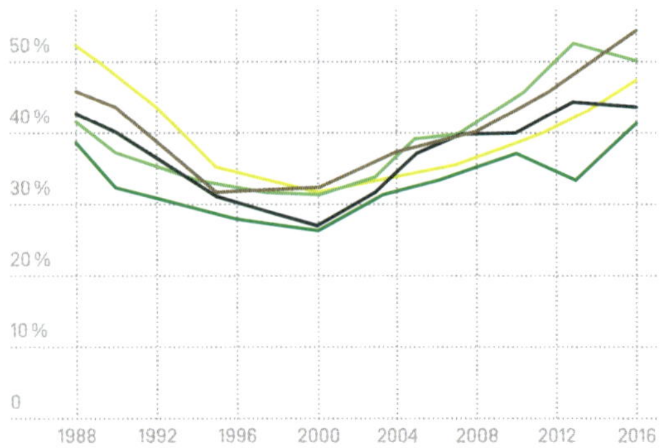

● Caprins ● Ovins lait ● Ovins viande ● Vaches laitières ● Vaches allaitantes

DONNÉES

Qui sont les travailleurs agricoles en France ?

En réduction forte et constante depuis 70 ans, la main-d'œuvre agricole se recompose en parallèle de l'évolution des structures. Les exploitations suivent une double tendance : d'une part la baisse du nombre d'exploitations et d'autre part l'agrandissement de la taille moyenne des exploitations. Ainsi, les microexploitations[1] ont fortement diminué même si elles sont encore aujourd'hui majoritaires. Parallèlement, on observe une augmentation du recours à la gestion par société et de la part de la main-d'œuvre salariée.
Ainsi, depuis 2002, le nombre de cheffes et chefs d'exploitation et les effectifs de la main-d'œuvre familiale ont fortement baissé (- 30 % de 2002 à 2016). Sur la période 2002-2016, le nombre de CDI a aussi baissé mais de manière moins importante et il augmente depuis quelques années. Le nombre important de contrats précaires (CDD, saisonniers et apprentis) est plutôt stable, avec une surreprésentation des femmes, des étrangers, des jeunes de moins de 25 ans et des retraités.
Après une certaine baisse, la proportion globale des femmes se stabilise actuellement un peu en dessous du 1/3 des actifs agricoles.

1. Le recensement général agricole propose un barème de taille économique des exploitations à partir d'un potentiel estimé, la production brute standard (PBS) :
- micro-exploitation : PBS < 25 000 €/an,
- petite : entre 25 000 et 100 000 €,
- moyenne : entre 100 000 et 250 000 €,
- grande : ≥ 250 000 €

CHIFFRES-CLÉS EN 2020

389 000
exploitations en France contre 1,6 M en 1970

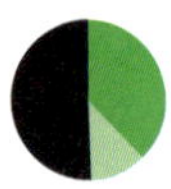

● 37,7 % sont dédiées à l'élevage et ● 12 % à la polyculture-élevage[1]

69 ha
taille moyenne des exploitations contre 19 ha en 1970

● 29 % de femmes dans les actifs contre 40 % dans les actifs en 1970

435 790
chefs d'exploitation et co-exploitants contre 764 000 en 2000

158 550 CDI
contre 186 500 en 2002

640 000 CDD
saisonniers et apprentis contre 630 000 en 2002

1. Service de la statistique et de la prospective du ministère de l'Agriculture.

©INRAE – Christophe Maître

jusqu'à donner des alertes précoces sur la maladie ou le stress de certains. Des outils électroniques fournissent une évaluation de la qualité des herbes au pâturage (herbomètre). Des systèmes automatiques et robots accompagnent l'éleveuse ou l'éleveur pour sécher les foins, gérer les stocks de nourriture (hygrométrie et température des salles et silos, préparation ou distribution des rations, ouverture de clôtures à distance, etc.). Piloté par l'association Robagri représentante de toute la filière et par un comité scientifique présidé par INRAE, le Grand Défi Robotique agricole, doté de 21 M € dans le plan France 2030, a été missionné par le gouvernement pour amplifier et accélérer ces innovations. Il soutient par exemple des travaux sur des robots qui scarifient et assainissent les litières pour éviter le développement des maladies et améliorer le bien-être des animaux.

↑
Dans le cadre du projet DIVEM, prélèvement d'herbe pâturée pour observer le comportement alimentaire des vaches laitières. Réalisés sur une journée, ces prélèvements sont un échantillon représentatif de l'herbe ingérée, qui tient compte du tri et des préférences des vaches.

Repenser le travail

Si les robots et outils impliquent souvent un apprentissage de la part des animaux qui doivent s'y habituer, il change en profondeur le travail de l'éleveur et réorganise de fait ses journées. Nathalie Hostiou, de l'unité Territoires près de Clermont-Ferrand, en a fait le constat lors d'une enquête auprès des éleveurs de bovins du Puy-de-Dôme : *« Cela redonne du sens et supprime du stress, en permettant d'aller voir les animaux à un moment pertinent, signalé par les capteurs. L'œil humain complète les données des capteurs et inversement le capteur peut confirmer le constat visuel »*. Ces technologies allègent la pression, limitent les erreurs, les astreintes et libèrent un temps précieux pour les éleveurs, qui peuvent le consacrer à la gestion, à s'accorder une demi-journée de repos hebdomadaire ou s'organiser pour des fins de semaine moins chargées.

D'autres stratégies vont dans le même sens. Des changements dans les modalités de distribution des aliments peuvent également alléger les journées. Il peut s'agir aussi de réorganisation ergonomique des lieux pour un gain de temps et de bien-être pour les animaux comme pour les éleveurs. Dans certains cas, les éleveurs font même le choix de réduire leur production : réduire les cheptels bien sûr mais aussi, en élevage laitier, sauter une traite par semaine, voire passer à un système de monotraite (1 fois par jour). →

↑
Troupeau de chèvres en salle de traite dans l'installation expérimentale de production laitière de l'UMR Pegase, à Méjusseaume (Bretagne), dédiée aux nouvelles technologies et pratiques d'élevage.

Réseaux et modélisation pour accompagner le changement

Faire évoluer le travail en élevage requiert bien souvent une réorganisation en fonction des types de pratiques retenues, des outils choisis. Cela nécessite des investissements financiers et matériels, et l'acquisition de nouvelles compétences. Aussi pour aider les éleveuses et éleveurs dans leurs réflexions la recherche expérimente (voir article p. 45) avec l'aide de nombreux agriculteurs organisés en différents réseaux. Le réseau mixte technologique (RMT) Travail en agriculture rassemblant 50 partenaires, dont INRAE et animé par l'Idele-Institut de l'élevage, VetAgroSup et les chambres d'agriculture de Bretagne, participe et encourage ce type de réflexions.

La modélisation est une aide précieuse pour prendre en compte les multiples paramètres et imaginer des systèmes plus durables et plus résilients. Les modèles simulent les conséquences de changements, techniques ou environnementaux, et fournissent un appui à la prise de décision. Ainsi, par exemple, David Renaudeau, de l'unité Physiologie, Environnement et Génétique pour l'Animal et les Systèmes d'Élevage (Pegase), près de Rennes, a mis au point en collaboration avec l'Ifip-Institut du Porc, un outil logiciel pour évaluer la vulnérabilité d'une exploitation à la hausse des températures dans les bâtiments. En évaluant le risque de perte de production, en termes de coût et aussi d'impact environnemental, le logiciel permet à l'éleveur d'analyser la pertinence des différentes stratégies possibles d'adaptation (climatisation des bâtiments...).

Un enjeu mondial

L'attractivité des métiers de l'élevage est un enjeu mondial. Plus de 20 organisations africaines se sont associées au Cirad et à INRAE dans le cadre de l'initiative Transformer les Systèmes Alimentaires et l'Agriculture par la Recherche en partenariat avec l'Afrique (TSARA). L'organisation du travail, la perception des travailleurs et leurs motivations à rester sur la ferme font là aussi partie des axes majeurs de recherche. ●

REPÈRES

Revenus des chefs d'exploitation, agriculture et élevage

Le revenu des chefs d'exploitation[1] dépend du résultat généré par les exploitations agricoles. Pour évaluer ce revenu, on s'appuie sur le résultat courant avant impôt (RCAI) de l'exploitation qui intègre les aides directes reçues dans le cadre de la Politique agricole commune (PAC), rapporté à l'emploi agricole non salarié à plein temps. Le RCAI varie fortement selon les types d'activité principalement en fonction des productions mises en œuvre, de la productivité du travail, de l'efficience productive et du taux d'endettement. *« En schématisant, les exploitations productives, efficientes et peu dépendantes de la dette permettent souvent d'obtenir un niveau de rémunération satisfaisant »*, détaille Vincent Chatellier[2].

Cependant, près de 20 % des exploitations agricoles françaises sont économiquement très fragiles.

En France, les exploitations spécialisées en élevage de ruminants ont en moyenne le RCAI le plus bas par équivalent temps plein, le plus bas étant celui de l'élevage en bovins-viande à 20 200 €, le haut du tableau étant occupé par les exploitations spécialisées en grandes cultures (56 300 € de RCAI en moyenne). Pour chaque activité, des disparités importantes existent entre exploitations.

Sur la période 2010 à 2022, pour 42 % des exploitations agricoles françaises, le RCAI serait nul en l'absence des aides PAC. Pour les exploitations en bovins-viande, les aides de la PAC représentent en moyenne 200 % de leur RCAI, alors qu'elles représentent 84 % du RCAI en bovins lait et 74 % du RCAI des exploitations agricoles françaises. *« Sans ces aides, il y aurait certainement beaucoup d'exploitations qui seraient en difficulté économique »*, commente Laurent Piet, économiste à INRAE.

1. Données INRAE url.inrae.fr/42VUWSf
2. Chatellier V. (2021). L'hétérogénéité des revenus des actifs non-salariés dans l'agriculture française : un regard au travers de deux grilles typologiques. *Économie rurale*, 378, 57-75.
Chatellier V., Détang-Dessendre C., Dupraz P., Guyomard H. (2021). Revenus agricoles, aides directes et future PAC : focus sur les exploitations françaises de ruminants et de grandes cultures. *INRAE Productions Animales*, 34(3), 173-190.

RCAI PAR UNITÉ DE TRAVAIL ANNUEL (UTA) NON SALARIÉE

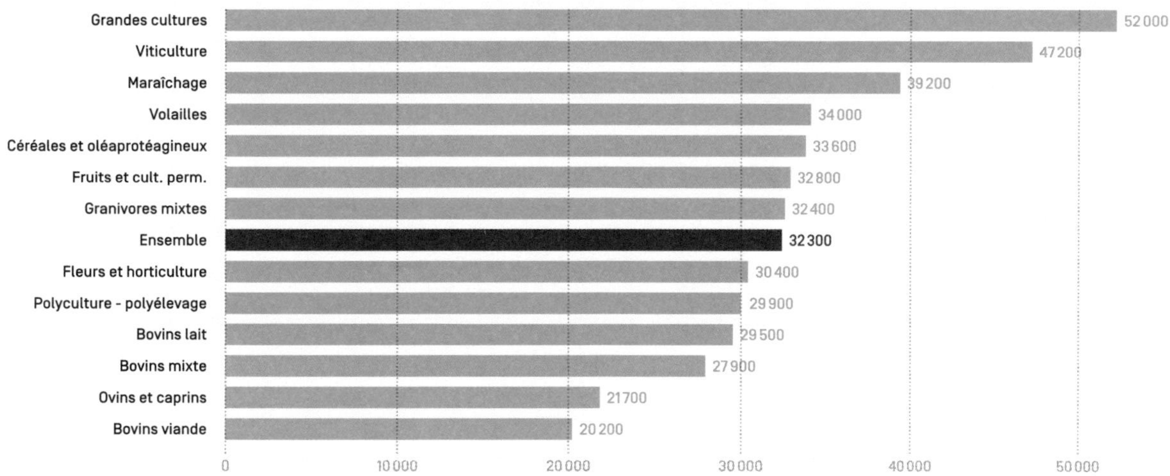

Source : SSP-RICA France métropolitaine 2010-2022 / Traitement INRAE, SMART

Éleveurs de ruminants: les défis de l'attractivité

Entretien avec Sophie Chauvat,
cheffe de projet Travail et approches sociales
à l'Institut de l'élevage [Idele]

L'élevage de ruminants en France fait face à des défis démographiques et de renouvellement. Sophie Chauvat explore les causes de la faible attractivité du métier et propose des solutions pour y remédier.

Quelle est la situation de l'élevage de ruminants en France métropolitaine ?
Les élevages de ruminants vivent une vague de départs à la retraite de leurs exploitants, qui explique en grande partie la diminution de la main-d'œuvre familiale dans les exploitations. Pour autant, le nombre d'éleveurs de moins de 40 ans et d'installations se stabilisent depuis 2010. Les taux de remplacement en élevages bovins [vaches laitières et vaches à viande] sont inférieurs à ceux des élevages de chèvres, de moutons et brebis, car ces secteurs sont peu accessibles aux porteurs de projets hors cadre familial, compte tenu de l'importance du capital à investir. Si les exploitations de moutons et brebis se renouvellent plus facilement, une partie d'entre elles, souvent portées par des éleveurs non issus du milieu agricole et parfois pluriactifs, correspond à des cheptels de plus petite taille. Le nombre d'élevages de chèvres connaît une augmentation, mais en parallèle une rotation élevée des exploitants.

Le renouvellement des générations est faible. Pourquoi ce manque d'attractivité ?
Les éleveurs sont confrontés à un travail marqué par l'astreinte auprès des animaux, avec des difficultés à trouver du personnel suffisamment formé pour remplacer le chef d'exploitation. Entre 2010 et 2020, les secteurs de l'élevage des ruminants ont moins bien rémunéré les chefs d'exploitation que les productions végétales et la dépendance aux aides est vécue négativement : les éleveurs préféreraient un travail payé au prix juste. Cette faible rémunération pèse sur le remboursement des investissements, la qualité du travail et questionne le sens de leur travail.
Le métier d'éleveur n'est pas exempt de risques, comme les accidents lors de la manipulation des animaux ou les troubles musculosquelettiques dus aux gestes répétitifs, par exemple lors de la traite.
Dans une société qui connaît de moins en moins bien le métier d'éleveur, certains d'entre eux se sentent remis en cause par les citoyens qui les considèrent comme des pollueurs et étant non respectueux du bien-être de leurs animaux. Cette situation peut générer du mal-être accentué par les incertitudes sur l'avenir et le stress associé au respect de réglementations de différentes natures.

Qu'est-ce qui attire les éleveurs qui s'installent aujourd'hui ?
Ce qui attire dans l'élevage, c'est avant tout de travailler avec des êtres vivants. Les jeunes qui s'installent construisent des projets porteurs de sens et utiles à la société : une exploitation en

agroécologie, une production fermière de qualité, une relation directe avec la clientèle… Les élevages de ruminants sont très axés sur la polyculture-élevage, qui permet de maîtriser tout le cycle de production, donnant ainsi de la cohérence au métier et offrant une grande variété de tâches. Les nouveaux éleveurs sont attentifs à leurs conditions de travail et à leur équilibre vie professionnelle-vie personnelle. L'autonomie décisionnelle et la perspective d'un revenu décent figurent également parmi les attentes.

Quels leviers pour une meilleure attractivité ?
Le réseau mixte technologique (RMT) Travail en agriculture intègre le bien-être des agriculteurs et de leurs salariés comme facteur d'attractivité dans une démarche One Welfare qui associe bien-être animal et bien-être des éleveurs pour que la mise en place de pratiques favorables au bien-être de l'animal ne dégrade pas les conditions de travail de l'éleveur. Selon le RMT, l'attractivité peut être encouragée sur 3 piliers : l'image du métier, la facilité d'accès au métier et les conditions d'exercice du travail.
La communication auprès du grand public, des jeunes en orientation dans l'enseignement général et des demandeurs d'emploi est essentielle pour valoriser les métiers de l'élevage et susciter des vocations. Les exploitants peuvent participer à l'effort de communication d'une image positive de leur métier. C'est le cas par exemple des éleveurs témoins qui sont formés à intervenir auprès des médias. Le site Internet Devenir éleveur contribue à informer les porteurs de projets ou les jeunes en orientation sur les réalités des métiers de l'élevage.
Accompagner les cédants et les porteurs de projets d'installation est primordial pour faciliter l'accès au métier d'éleveur. Assouplir les conditions d'accès à la dotation des jeunes agriculteurs (aide financière à l'installation) ouvrirait les portes à davantage de profils d'installation, notamment à ceux qui se reconvertissent au-delà de 40 ans.

Quelles sont les mesures à mettre en place pour améliorer les conditions de travail dans ce secteur ?
Un métier attractif doit effectivement proposer des conditions d'exercice du travail décentes. La simplification des pratiques, comme la monotraite, le regroupement des mises-bas et des sevrages, ou le développement du pâturage, si elle est bien pensée et adaptée, diminue la charge de travail. La modernisation des bâtiments et des équipements, l'automatisation des tâches telles que la traite robotisée ou la distribution automatique d'aliments diminuent la pénibilité. Ces outils peuvent générer de nouvelles tâches, mais ils diminuent bien souvent l'astreinte et augmentent la souplesse d'organisation du travail. La réorganisation de la main-d'œuvre, par le recrutement d'un salarié, l'adhésion à une Cuma (coopérative d'utilisation du matériel agricole) ou un groupement d'employeurs, la création d'une société, sont également des leviers d'amélioration des conditions de travail. Les fermes collectives, par exemple, facilitent les remplacements et le renouvellement des actifs, mais demandent plus de temps d'organisation et de relationnel. Dans ce cadre, de nouveaux statuts, pour des agriculteurs salariés, sont à envisager. L'amélioration des conditions d'exercice du métier d'éleveur passera aussi par une évolution des pratiques de conseil, qui doivent appréhender les systèmes d'exploitation dans leur globalité, en intégrant les questions de durabilité, notamment sociale, et sortir de l'approche actuelle organisée par filière et par thématique.

SOLIDARITÉ

Réseau d'aide aux agriculteurs

Pour soutenir les agriculteurs en difficulté, des structures d'appui telles que celles proposées par la Mutualité sociale agricole, l'association Solidarité Paysans et les chambres d'agriculture existent déjà. Cependant, les agriculteurs hésitent souvent à solliciter ces ressources, laissant leur situation se détériorer davantage. Xavier Coquil, Jean-Yves Pailleux et Lucie Aubailly de l'unité Territoires près de Clermont-Ferrand, se sont penchés sur cette problématique. Leur étude, menée dans la région des Combrailles (63), a révélé l'existence d'un réseau informel de proximité. Des figures telles que les voisins, la famille, les amis et même l'entourage professionnel quotidien comme les chauffeurs laitiers jouent un rôle crucial dans le soutien apporté aux agriculteurs tant sur le plan émotionnel que sur des aspects plus pratiques. Cette étude invite à élargir le potentiel d'aide à l'ensemble de la population rurale, et non uniquement la population agricole. Une restitution publique du projet a abouti à 2 axes de travail : d'une part l'identification et la connaissance de l'aide formelle disponible et d'autre part la création de moments et espaces de rencontres entre voisins alors que les chantiers d'entraide tendent à se raréfier.

Les sources et puits de gaz à effet de serre en élevage

NH_3 ammoniac

N_2O protoxyde d'azote

N_2 diazote

CH_4 méthane

CO_2 dioxyde de carbone

1 La digestion des ruminants est la principale source de méthane en agriculture.

2 Les prairies favorisent le stockage de carbone. Le retournement des prairies temporaires libère une partie de stock.

3 Émissions liées aux déjections

4 Lorsqu'elles comportent des légumineuses, les prairies captent l'azote atmosphérique.

5 Le machinisme agricole et le transport sont les principales causes d'émissions de CO_2 issues de la combustion d'énergie fossile.

6 Le stockage des effluents d'élevage (lisiers, fumiers) émet du protoxyde d'azote et du méthane.

7 Méthaniseur. Permet de valoriser les effluents pour la production de biogaz (réduction des émissions de N_2O et de méthane). Le digestat est épandu comme fertilisant.

8 L'alimentation représente la majeure partie des émissions de GES des élevages de monogastriques. Cette part est moindre chez les ruminants nourris à l'herbe.

9 La consommation de coproduits, au bilan carbone faible voire nul, diminue les émissions liées à l'élevage.

10 L'épandage des effluents d'élevage et d'engrais azotés dans les cultures libère du protoxyde d'azote.

11 Agroforesterie. En bordure ou au sein d'un champ, les arbres contribuent au stockage du carbone.

LE BILAN CARBONE DE L'ÉLEVAGE

L'élevage étant un fort émetteur de gaz à effet de serre, certains invitent à le réduire fortement. À cette invitation s'ajoute, pour des raisons de santé publique, la question du rééquilibrage des régimes alimentaires occidentaux en faveur des protéines végétales. Cependant, l'élevage fournit de nombreux services environnementaux dont certains indispensables à la durabilité de l'agriculture. Qu'en est-il du bilan environnemental des activités de l'élevage et comment l'améliorer ? Tour d'horizon.

Les émissions mondiales de gaz à effet de serre (GES) dues à l'agriculture s'élèvent à 14 % dont 60 % proviennent de l'élevage. Pour l'élevage, trois GES sont principalement mis en cause (voir ci-contre), pour leur contribution au réchauffement global (calculée à partir de leur durée de vie dans l'atmosphère et de leurs propriétés radiatives) : le méthane (CH_4) lié aux fermentations dues à la digestion des ruminants et aux émissions des effluents de toutes les espèces, le protoxyde d'azote (N_2O) associé aux engrais de synthèse ou organiques (effluents d'élevage) utilisés pour la production de l'alimentation animale, et le gaz carbonique (CO_2) lié aux transports, chauffage des bâtiments ou climatisation des outils (tanks à lait par exemple) et à l'utilisation de machines. Le bilan inclut les émissions indirectes liées aux matières premières utilisées pour l'alimentation animale qui sont parfois importées, et produites avec des normes environnementales variables selon les pays. Dans le cas des volailles et des porcs, l'alimentation peut représenter 50 à 85 %[1] des émissions de GES associées à leur élevage. La contribution de l'alimentation aux émissions de GES est moins élevée chez les ruminants, qui pour la plupart consomment aussi de l'herbe. L'élevage contribue à 16 % des émissions de méthane (CH_4) globales à l'échelle planétaire. Or ce gaz a deux particularités. Il a un pouvoir de réchauffement global très élevé, environ 28 fois plus que le CO_2, mais il a une durée de vie dans l'atmosphère bien plus courte (10 ans contre 100 ans pour le CO_2). C'est pourquoi les efforts pour sa réduction sont importants, car les effets en seront d'autant plus rapides. Les émissions de méthane dues à l'agriculture ont diminué en Europe (-39 % entre 1990 et 2020). À l'échelle de la planète cependant, la concentration du méthane dans l'atmosphère augmente fortement et suit la trajectoire[2] correspondant au scénario climatique le plus pessimiste des experts du GIEC.

Les stratégies française et européenne

Les chercheurs ont également évalué les services environnementaux apportés par les élevages, notamment les systèmes d'élevage extensifs. Les sols des prairies permanentes consacrées à l'élevage stockent environ 85 t de C/ha. Or ces prairies, enrichies des déjections animales et essentielles à la préservation de la biodiversité, ont tendance à →

disparaître. Les animaux d'élevage permettent de valoriser des produits végétaux non consommables par l'homme tels que des coproduits issus de filières végétales, les résidus de culture et des fourrages issus de surfaces peu ou non labourables. L'élevage produit enfin des engrais organiques essentiels aux cultures, indispensables dans une trajectoire de décarbonation des économies.

Les plans de neutralité carbone de l'Union européenne et de la France s'appuient sur des émissions nettes de chaque gaz à zéro en 2050. En France, la 3e Stratégie nationale bas-carbone qui décline ces objectifs (voir Ressources #5), doit permettre de poursuivre la trajectoire de réduction des émissions et de compensation des émissions résiduelles par le maintien des stocks de carbone dans les sols avec les prairies permanentes et la captation de carbone par les sols et les forêts.

Objectif réduction des émissions de méthane

La recherche travaille sur la réduction de l'intensité des émissions produites par les animaux en adaptant les pratiques d'élevage (amélioration génétique, alimentation, efficience des animaux pour réduire les pertes et périodes improductives, etc.) et en transformant les systèmes d'élevage pour en réduire les émissions nettes directes et indirectes. Ses travaux sont renforcés depuis 2023 par le programme METHANE 2030, financé en grande partie par la BPI et Apis-Gene et porté par Apis-Gene et l'Idele, des chambres d'agriculture, les interprofessions, les fédérations nationales d'élevage et INRAE. Doté de 11 M € sur 4 ans, il a pour ambition de réduire de 30 % en 10 ans les émissions de méthane des filières bovines grâce à des solutions multi-leviers.

Le méthane représente 45 % des émissions de gaz à effet de serre de l'agriculture en France.

ÉMISSIONS DE MÉTHANE

500 g / jour
Une vache émet 500 g de méthane/jour en moyenne

-15 %
de méthane avec un premier vêlage à 24 mois au lieu de 36 mois

-5 %
d'émission de méthane par litre de lait produit avec des vaches laitières de poids moyen diminué de 100 kg

-30 %
Objectif du programme de recherche Méthane

Optimiser le devenir des animaux et leur carrière productive

Pour produire du lait, une vache doit avoir un veau, qui naturellement sera dans la moitié des cas, de sexe mâle. Il en est de même pour la moitié des poussins nés des œufs des poules pondeuses. Pour chacune de ces espèces, certaines races ont été sélectionnées pour la production de lait ou d'œufs, et ont peu de valeur pour la consommation. Chez les poules brunes (soit 85 % à 90 % de la production française), les poussins mâles d'un jour étaient éliminés jusqu'au 1er janvier 2023. Moins nombreux, notamment grâce à l'ovosexage ou aux croisements, ces poussins mâles peuvent être élevés pour leur viande, bien qu'elle soit commercialisée à un prix moins avantageux. Hormis quelques individus gardés pour la reproduction, ces mâles ne contribuent donc pas à la production alors que leurs mères ont consommé des aliments et produisent des effluents, deux maillons associés à l'émission de GES. Chez les bovins, les génisses ne produisent pas de lait jusqu'à leur premier vêlage. Ces animaux sont dits improductifs. Par la sélection génétique, les croisements entre races ou par la conduite du troupeau, les recherches visent à allonger les périodes productives. Les critères recherchés pour les vaches sont par exemple la précocité sexuelle, avec un vêlage dès 24 mois au lieu de 36 mois, et une réforme plus tardive (allongement de la lactation) ; chez les volailles, on cherche également une durée de ponte plus longue. Allonger les périodes productives permet aussi de réduire les phases de reproduction, et ainsi les coûts vétérinaires qu'elle engendre. Diminuer le nombre de mâles contribue à leur donner une plus grande valeur économique.

Une autre piste est de favoriser la naissance de femelles. Il s'agit alors par exemple d'utiliser lors de l'insémination de la semence sexée qui présente cependant une moins bonne fertilité chez les ruminants. Chez les poules brunes, on peut aussi sexer l'embryon dans l'œuf pour ne garder que les œufs contenant des femelles. Les œufs contenant des mâles sont alors éliminés ou valorisés en alimentation animale. Le projet ROSE financé dans le cadre de France 2030 et piloté par deux unités INRAE près de Tours (PEAT et BOA) vise à améliorer la détection précoce du sexe des embryons, avant 13 jours d'incubation

©INRAE – Bertrand Nicolas

↑
Poulets lourds élevés au sol dans l'Yonne.

des œufs, et pour toutes les souches de poule. Il s'agit de développer une nouvelle solution d'ovosexage à bas coût, basée sur l'imagerie, avec un objectif de plus de 95 % d'exactitude.

Le croisement entre races à finalités différentes (par exemple lait ou viande, chair ou ponte) permet d'obtenir des descendants qui bénéficient des caractéristiques de chaque race, améliorant ainsi leur valeur économique. L'unité expérimentale du Pin, dans l'Orne, explore ce levier chez les vaches laitières, dont elle croise les femelles avec des taureaux Angus (une race à viande, herbagère, précoce et au vêlage facile) et travaille avec la filière au développement de débouchés pour ces animaux croisés. Chez les volailles, INRAE étudie aussi le développement de lignées à « double fin », c'est-à-dire offrant de bonnes performances à la fois pour les œufs et la chair, dans le cadre du projet européen PPILOW coordonné par Anne Collin, de l'unité Biologie des oiseaux et aviculture (BOA), près de Tours.

L'alimentation, un levier majeur

L'utilisation en alimentation animale de ressources non utilisables pour l'alimentation humaine, aussi appelées les coproduits, est une pratique déjà largement adoptée. Une autre piste majeure est celle des aliments à faible bilan carbone, surtout pour les monogastriques (porcs, volailles, lapins) qui ne pâturent pas. Ceci est d'autant plus important que certains aliments peuvent provenir de loin et pourraient voir leur production réduire sous l'effet du changement climatique (soja au Brésil, par exemple). Pour évaluer le bilan carbone de l'alimentation animale, INRAE a développé l'outil Ecoalim. Il permet aux fabricants de concevoir les aliments à partir des analyses de cycle de vie de plus de 190 matières premières agricoles françaises. *« Notre calculateur indique le meilleur compromis entre coût, impact environnemental et besoin nutritionnel des animaux »*, explique Aurélie Wilfart de l'unité Sol, agro et hydrosystèmes, spatialisation (SAS) à Rennes. Il est dans une phase de validation expérimentale sur le terrain et de transfert. Les premiers essais sur les porcs ont montré que les performances de l'animal ne sont pas réduites par l'utilisation d'un aliment éco-formulé[3]. Côté transfert, *« depuis 2-3 ans les fabricants ont bien saisi l'urgence climatique et se sont emparés de la base de données, pour faire un* →

RÉPARTITION PAR ESPÈCES DES ÉMISSIONS MONDIALES DE GAZ À EFFET DE SERRE DE L'ÉLEVAGE

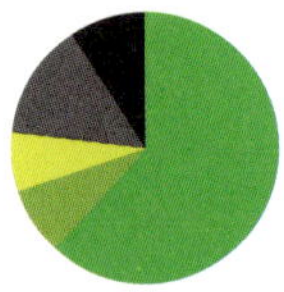

- 62 % bovins
- 8 % buffles
- 7 % petits ruminants (ovins, caprins)
- 14 % porcins
- 9 % volailles

Source : FAO 2023 – basé sur les données d'analyse du cycle de vie (donc incluant la production d'aliments pour les animaux) de 2015

affichage environnemental voire éco-formuler leurs aliments », souligne Aurélie Wilfart. La base de données Ecoalim fait partie des outils de labellisation bas carbone des fermes comme CAP'2ER®[4] pour les ruminants et GEEP5 pour les porcs (voir p. 47 le projet Life Carbon Farming).

L'efficience alimentaire

L'impact environnemental des animaux se joue également lors du processus de digestion des aliments. INRAE étudie l'efficience alimentaire des animaux, c'est-à-dire les mécanismes biologiques qui améliorent la transformation de l'aliment en matières assimilables, avec pour corollaire la réduction des pertes de nutriments dans l'environnement, et donc des rejets polluants.
Certains éleveurs de porcs et volailles utilisent une enzyme dans les rations alimentaires, la phytase microbienne, pour faciliter l'assimilation du phosphore contenu dans les végétaux et éviter ainsi l'ajout de phosphates minéraux, une ressource coûteuse et limitée. Mais l'action de la phytase peut être perturbée par l'apport de calcium, pourtant nécessaire pour la qualité des coquilles et des os, notamment chez la poule âgée. Agnès Narcy, spécialiste de la nutrition des volailles, et son équipe du laboratoire Biologie des oiseaux et aviculture (BOA), près de Tours, développent des modèles mathématiques intégrant les connaissances sur l'action du calcium pour trouver le bon équilibre entre ces deux objectifs. « *Grâce à ces outils – certains commencent à être utilisés sur le terrain – nous pourrons aller vers de l'alimentation sur mesure, adaptée à chaque étape de vie de l'animal* », complète-t-elle.
En 2023, INRAE et AgroParisTech se sont associés à l'Université Laval au Canada, créant le Laboratoire international associé (LIA) Nutri-mod (Nutrition des animaux d'élevage et Modélisation pour des systèmes alimentaires durables) pour perfectionner les méthodologies de modélisation des mécanismes biologiques sachant que certains enjeux sont partagés entre les 2 pays : les rejets de phosphore et d'azote, l'épuisement des ressources en phosphates minéraux, la santé du squelette, la qualité de la coquille... Le partenariat s'enrichit de la diversité des systèmes de production de chaque pays. Ainsi par exemple, le Canada s'est spécialisé dans la production de poulets à croissance rapide alors que la France a une diversité de systèmes, avec également des poulets à croissance lente (filière Label Rouge notamment), exploitant une diversité de matières premières.

Réduire la production de méthane lors de la fermentation entérique

Chez les ruminants, manipuler grâce à l'alimentation le microbiote du rumen (1 des 4 estomacs de la vache), c'est-à-dire les microorganismes qui vivent dans cette portion du système digestif, pourrait s'avérer un levier efficace pour diminuer la production de méthane. Cécile Martin, à l'unité Herbivores près de Clermont-Ferrand, travaille sur la caractérisation de ce microbiote et pour développer, notamment dans le cadre du projet METHANE 2030 (voir p. 32) de nouvelles stratégies alimentaires. L'objectif est de mieux utiliser fourrages et autres ressources qui ne sont pas en compétition avec l'alimentation humaine, pour réduire la production de méthane de façon permanente en les distribuant aux bovins dès le jeune âge.
D'autres pays, comme l'Australie ou la Nouvelle-Zélande, explorent d'autres pistes d'action contre les microorganismes producteurs de méthane dans le rumen, par l'alimentation via l'apport d'extraits d'algues rouges du genre *Asparagopsis* ou l'utilisation d'un vaccin.

La génétique aussi

La diversité domestique est vaste : que ce soit entre les races ou au sein des races, les caractéristiques individuelles des animaux d'élevage sont variables. Cette variabilité est en grande partie sous-tendue par des facteurs génétiques. Depuis la seconde moitié du XXe siècle, les éleveurs et les sélectionneurs s'appuient sur cette variabilité génétique pour sélectionner les meilleurs reproducteurs et optimiser les schémas de croisement, afin de faire évoluer les caractéristiques des populations d'élevage et disposer d'animaux mieux adaptés à l'environnement et aux attentes de la société.
Didier Boichard, de l'unité Génétique animale et biologie intégrative (GABI) à Jouy-en-Josas, explore le levier de la sélection génétique pour réduire les émissions de méthane des vaches. Le spectre infrarouge du lait – mesuré lors des contrôles laitiers –, fournit des informations qui

CYCLE DU CARBONE DANS UN SYSTÈME DE POLYCULTURE-ÉLEVAGE

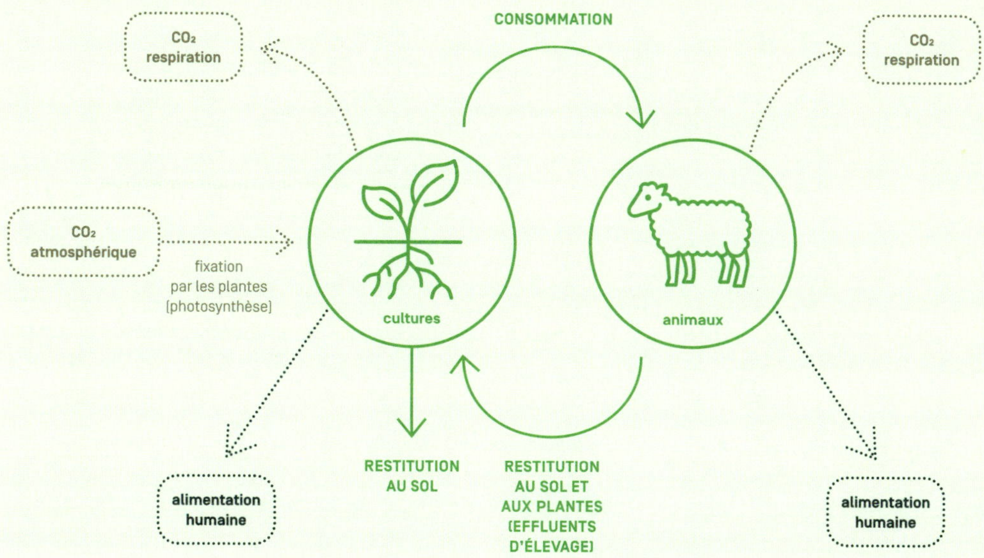

Le mécanisme est comparable pour le cycle de l'azote, avec une fixation atmosphérique [à condition d'avoir des légumineuses, capables de fixer l'azote atmosphérique].

permettent de calculer les émissions de méthane de chaque vache, d'identifier les animaux les moins émetteurs et les caractéristiques génétiques liées à ces moindres émissions. Ces informations serviront alors pour la sélection. Les modèles de prédiction des émissions de méthane seront prêts prochainement et permettront aux sélectionneurs la diffusion d'une génétique bovine caractérisée pour les émissions de méthane à l'horizon 2025. *« En progressant de 1 % par an sur la production de méthane, on pourrait arriver à - 20 % en 20 ans, soit passer de 500 à 400 g méthane/jour/vache »*. Une baisse plus rapide est techniquement possible, mais ne serait pas réaliste économiquement car elle se ferait au détriment d'autres critères de sélection, tels que la productivité. Sélectionner sur l'efficience, la longévité, la précocité ou le poids aide aussi à réduire les émissions de méthane.

Outre la génétique, les recherches se développent aussi sur l'épigénétique. Celle-ci consiste à étudier comment l'environnement d'un animal modifie (ou non) l'apposition de marques sur le génome, et donc l'expression d'un gène et du caractère lié et la transmission de ces marques entre générations. INRAE souhaite comprendre l'importance de l'épigénétique sur l'intensité des émissions de méthane ou la tolérance à la chaleur. C'est l'un des leviers explorés dans le projet européen RUMIGEN, coordonné par INRAE.

Élevage et bouclage de cycles biogéochimiques, un service indispensable et sensible

Émetteur de GES, l'élevage est également au cœur de cycles naturels et de régulations qui le rendent indispensable. Les animaux représentent une étape nécessaire au bouclage des cycles biogéochimiques en agriculture (voir schéma) : ils excrètent sous forme minérale l'azote et le phosphore des aliments qu'ils ingèrent. Cette forme étant mieux assimilée par les plantes, elle peut donc servir de fertilisant pour les cultures. Les animaux qui pâturent fertilisent les prairies. En bâtiment, les effluents sont plus faciles à récupérer pour un épandage de précision pour la fertilisation des sols cultivés. En agriculture biologique, où le recours aux engrais de synthèse est interdit, ce lien entre élevage et cultures est essentiel.

→

Cependant, ce rôle pivot des animaux dans les cycles de nutriments et de matières est mis à mal par la très forte spécialisation des régions. Ainsi, des régions européennes spécialisées en élevage, comme la Bretagne, la Catalogne ou la plaine du Pô, produisent de grandes quantités d'effluents et les terres y sont fertilisées en excès. Les pluies entraînent l'azote en excès, qui se retrouve dans les nappes phréatiques et les rivières. Ainsi, l'agriculture est responsable d'environ 60 % des fuites d'azote (notamment sous forme d'ion nitrate) et de 30 % des fuites en phosphore vers les milieux aquatiques[6] avec des impacts importants sur la qualité des ressources en eau et des écosystèmes. Certaines régions à forte densité d'élevages font ainsi face à une perte de biodiversité ou à des problèmes de prolifération d'algues vertes sur leur littoral. Ces territoires sont amenés à importer des matières premières pour l'alimentation des animaux, aggravant ainsi l'impact environnemental de leurs élevages. Une redistribution au moins partielle de l'élevage dans les zones actuellement consacrées aux grandes cultures permettrait de reconnecter les composants des cycles (animal-sol-végétal (voir p. 35)). Il peut également être envisagé de redistribuer les effluents organiques vers les zones géographiques voisines où les productions végétales prédominent, ce que l'entreprise Terrial développe aujourd'hui en France.

Les prairies, atouts du biocontrôle et du stockage de carbone

Avantage économique et d'autonomie, le pâturage des ruminants est aussi un levier majeur pour conserver des prairies, valoriser leur herbe et favoriser les nombreux services environnementaux qu'elles rendent. Les prairies permanentes (c'est-à-dire dans lesquelles les plantes fourragères herbacées prédominent depuis plus de 5 ans) sont de hauts lieux de biodiversité. Ces prairies, surtout quand elles comportent plusieurs espèces herbacées, abritent à la fois des plantes, des pollinisateurs à qui elles fournissent une ressource hors période de floraison des cultures, des oiseaux et des microbes, champignons et faune du sol. Les haies qui les bordent offrent à la fois de l'ombre et une ressource fourragère additionnelle pour les animaux, mais aussi un habitat pérenne pour la biodiversité, y compris pour les espèces utiles au contrôle des bioagresseurs et des adventices dans les parcelles cultivées voisines. Haies et prairies concourent ainsi à réduire l'usage des pesticides.

73 % de la biomasse végétale produite en France est consommée par les animaux d'élevage.

60 à 80 espèces de plantes par mètre carré de prairie permanente[1]

-19 % d'insectes ravageurs des cultures dans des parcelles cultivées à proximité de prairies permanentes âgées[2]

93 % des élevages de vaches laitières en France utilisent le pâturage, au moins une partie de l'année[3]

30 % des élevages caprins en France utilisent le pâturage au moins une partie de l'année[4]

1. Interview Nicolas Gross.
2. url.inrae.fr/3Gr9E9q
3. url.inrae.fr/4bCILNn
4. url.inrae.fr/3KmAYYq

Par ailleurs, les prairies ont un rôle majeur dans le stockage de carbone. Dans les 30 premiers centimètres du sol, elles peuvent stocker jusqu'à 80 t de C/ha, alors que les stocks dans les sols des zones de grandes cultures sont plutôt de l'ordre de 50 t de C/ha. *« Une prairie n'est toutefois pas un puits infini »*, souligne Sylvain Pellerin, de l'unité Interaction sol plante atmosphère (ISPA) près de Bordeaux. Le stockage de carbone finit par atteindre ses limites. Ces constats ne sont pertinents que pour les prairies permanentes. En effet, le retournement d'une prairie pour la remplacer par une culture libère une partie du carbone stocké antérieurement. Les études montrent ainsi que la conversion des prairies permanentes en terres arables reste le premier facteur de diminution de la teneur en carbone des sols en Europe[7].

Adapter la conduite du troupeau est nécessaire pour conserver la biodiversité et les services environnementaux des prairies, par exemple en synchronisant les mises-bas avec la pousse d'herbe printanière ou en adaptant le nombre et le poids des animaux pour éviter le surpâturage.

L'effet positif des prairies sur le changement climatique est aussi expliqué par leur albédo, c'est-à-dire leur capacité à renvoyer une partie du rayonnement solaire qui est supérieure à celle des grandes cultures, limitant ainsi le réchauffement du sol.

Conservées par la présence d'élevage sur les territoires, les prairies enrichissent la mosaïque paysagère, favorable à la biodiversité, en alternant à l'échelle du paysage avec des parcelles de grandes cultures. Elles concourent à la préservation de paysages patrimoniaux, contribuent à limiter les risques d'incendie, en créant des zones non forestières susceptibles d'arrêter la propagation des feux. Elles limitent aussi le risque d'inondation par l'absorption de l'eau excessive. Le pâturage permet de valoriser pour l'alimentation des terres impropres à la culture, comme les zones de montagne ou landes de l'arrière-pays méditerranéen.

Un rôle écologique à valoriser économiquement

S'ils sont bien connus, les services environnementaux de recyclage des éléments, de stockage du carbone via l'entretien des prairies ou de soutien à certains éléments de la biodiversité non agronomique sont souvent difficiles à quantifier et restent jusqu'ici peu valorisés. La Cour des comptes le note ainsi dans son rapport sur l'élevage bovin[8] *« Si [les services environnementaux] sont reconnus qualitativement à travers les paiements dits "verts" du premier pilier, les mesures agro-environnementales et climatiques (MAEC) et les aides à l'agriculture biologique (AB) du second pilier de la PAC, aucune réflexion globale ne mène à un chiffrage raisonné de ces services pourtant essentiels »*. Une expertise scientifique collective européenne a été conduite en 2016 sur ce sujet par INRAE.[9] De nombreuses recherches visent actuellement à élaborer des métriques pour quantifier et combiner les divers services écosystémiques. Ceci permettra de faire des bilans objectivés, prérequis à des recommandations en matière d'évaluation et de conception de systèmes ou de rémunération de pratiques. L'évolution vers un élevage plus vert pourrait ainsi être accélérée par des politiques publiques et des mesures incitatives permettant une rémunération accrue de ses services environnementaux. ●

1. Garcia-Launay et al., 2018.
2. url.inrae.fr/4bB64ay
3. De Quelen, 2021.
4. Calcul automatisé des Performances environnementales en Élevage de Ruminants.
5. Gestion environnementale des Élevages porcins, un outil créé par l'Ifip.
6. Thieu et al., 2012, cité par INRAE, 2016 (ESCo élevage).
7. FAO, 2001; Jérôme et al., 2013; Lal, 2004 dans ESCO élevage 2016.
8. Les soutiens publics aux éleveurs de bovins, Observations définitives de la Cour des comptes, 2023. url.inrae.fr/3UZldNg
9. url.inrae.fr/4dCdgox

LPA EPSILON

Développer l'épigénétique pour des élevages durables

INRAE a signé en 2022 la création d'Epsilon (Épigénétique, phénotypes, intégration, sélection), un laboratoire partenarial associé (LPA) avec ELIANCE, la fédération nationale des entreprises de services et conseil en élevage. ELIANCE développe des expertises en génétique et génomique, biotechnologies de la reproduction et contrôle-qualité de la semence, pour optimiser les productions. Ce partenariat fait suite à une décennie de collaboration, qui a notamment permis le développement de la première « puce épigénétique » bovine qui sera commercialisée en 2025. Cet outil évalue plus de 40 000 marqueurs, pour un diagnostic épigénétique des animaux à coût raisonnable, dans une perspective d'élevage de précision.

Le LPA Epsilon conduit des travaux de recherche sur les mécanismes épigénétiques chez le bovin, leur plasticité face à un environnement changeant, leur rôle dans la régulation des gènes et leur transmission à la génération suivante. Le LPA a vocation à traduire ces connaissances en technologies pouvant être déployées sur le terrain. Il est associé aux physiologistes de l'unité BREED à Jouy-en-Josas, spécialisée en épigénétique et reproduction des animaux d'élevage. Il travaille également en collaboration étroite avec les généticiens de l'UMT eBIS réunissant l'unité INRAE GABI, ELIANCE et l'Idele.

SANTÉ, RÉSILIENCE ET BIEN-ÊTRE ANIMAL

Longtemps considérés principalement pour leur productivité, les animaux d'élevage font dorénavant l'objet de nouvelles attentions et préoccupations d'ordre éthique. Il s'agit de veiller au maintien de leur santé, mais aussi à leur adaptation au changement climatique et à leur bien-être. **Explications.**

Quel que soit leur mode d'élevage, les animaux font face à de multiples contraintes et doivent faire preuve de résilience pour grandir et vivre en bonne santé. Spécifié depuis la seconde partie du XXe siècle, le bien-être des animaux est devenu un impératif au sein des systèmes d'élevage. Il contribue à l'appréciation des produits qui en sont issus.

La santé : un atout éthique, environnemental, économique et sanitaire

Maintenir des animaux en bonne santé est indispensable en élevage pour eux-mêmes bien sûr, mais aussi pour assurer le bon fonctionnement des exploitations et leur rentabilité. Les animaux malades représentent une baisse de production et des surcoûts, en particulier vétérinaires. Prévenir les maladies est aussi primordial pour la santé humaine, dans un contexte « One Health » où santé humaine et animale sont liées. Il s'agit d'une part de faire face au risque de zoonoses et d'autre part de réduire le recours aux antibiotiques et le risque de développement d'antibiorésistance associé (voir dossier Décryptage p. 50).
Veiller à la santé des animaux est ainsi un facteur de durabilité. Les animaux malades sont moins productifs, requièrent plus d'intrants et ont donc un plus fort impact négatif sur l'environnement. Enfin, la santé des animaux est la garantie indispensable d'une alimentation saine.

20 %
de la production animale sont perdus chaque année du fait des maladies[1].

↗

Les émissions de gaz à effet de serre (GES) de bovins malades peuvent être augmentées jusqu'à 24 % par litre de lait produit et jusqu'à 113 % par kg de carcasse[2].

↘

Réduire de 10 % la prévalence des maladies animales diminuerait de 800 millions de tonnes les émissions de GES, l'équivalent des émissions de 117 millions d'Européens[3].

Vaccination et autres actions préventives

« *La vaccination est le moyen le plus efficace pour prévenir les maladies* », expose Muriel Vayssier-Tausat, cheffe du département Santé animale d'INRAE. Son développement est un enjeu fort pour l'élevage. Contre l'influenza aviaire hautement pathogène, la France est pour l'instant le seul pays d'Europe à avoir fait le choix de la vaccination des canards d'élevage et ce depuis octobre 2023. La campagne de vaccination a évité d'abattre de nombreux animaux, comparativement aux épisodes précédents en 2021 et 2022 (16 millions de palmipèdes et volailles abattus pendant l'épizootie 2021-2022 contre combien en 2023 ?). Cependant, l'acte n'est pas anodin puisque la vaccination induit la production d'anticorps, qui peuvent être assimilés à la conséquence d'une infection naturelle lors des contrôles sanitaires réalisés pour l'exportation. Ceci explique la

frilosité des éleveurs ou des autres pays vis-à-vis de cette pratique.
Les mammites sont des infections des mamelles des ruminants, principalement des bovins. Elles sont l'une des premières causes d'utilisation d'antibiotiques. Elles handicapent l'animal infecté, compliquent la traite et occasionnent de fortes pertes de production puisque le lait provenant d'une vache traitée aux antibiotiques ne peut être consommé, et ce jusqu'à l'élimination des résidus d'antibiotiques. La lutte contre cette maladie multifactorielle passe par plusieurs leviers croisés : la prévention sanitaire (nettoyage des sols, des équipements de traite...), la modulation du microbiote qui peut jouer un effet barrière, la sélection génétique pour des races moins sensibles aux mammites et le développement de vaccins, ce à quoi travaille actuellement l'unité Infectiologie et santé publique (ISP) de Nouzilly.
INRAE étudie aussi l'immunocompétence des animaux. *« Il s'agit de trouver des compétences immunitaires – et les caractéristiques génétiques associées – pour faire face à un ensemble de maladies, et non d'améliorer la réponse à une maladie en dégradant les autres réponses »*, explique Fany Blanc, de l'unité Génétique animale et Biologie intégrative (GABI) à Jouy-en-Josas. Dans la même unité, Marie-Hélène Pinard-van der Laan est co-pilote du projet Vaccibiota, qui vise à étudier chez la poule pondeuse les effets combinés de la sélection génétique, de l'action sur le microbiote, du mode d'élevage (intérieur ou extérieur notamment) sur la réponse vaccinale des poules (production d'anticorps), et sur la production d'œufs. Les résultats, attendus pour fin 2024, pourront orienter les sélectionneurs, les producteurs d'aliments et de vaccins. Ce projet est soutenu par le Carnot France Futur Élevage, INRAE et le sélectionneur Novogen.

EN FRANCE

50 – 70 % des traitements donnés en élevage de porcs et de volailles sont des vaccins[4]

80 % des jeunes bovins de moins de 1 an sont vaccinés contre les pathologies respiratoires[5]

30 % des vaches allaitantes et 10 % des vaches laitières sont vaccinées contre les diarrhées néonatales

L'enjeu de la robustesse : une meilleure résilience aux aléas

Avec l'augmentation de la fréquence des chaleurs extrêmes et des sécheresses qui s'accompagne souvent de la propagation de maladies, le changement climatique occasionne de nouveaux défis. *« Les animaux pour les élevages de demain devront être à la fois efficients, résistants aux maladies et capables de s'adapter et de continuer à produire, autrement dit résilients, dans des environnements diversifiés et fluctuants »*, expose Edwige Quillet, cheffe du département Génétique animale d'INRAE. La sélection génétique est un levier pour faire évoluer les caractéristiques des populations d'élevage et rendre les animaux plus résilients face aux agents pathogènes qui évoluent, ou plus tolérants à la chaleur et aux disettes estivales. La première étape est d'identifier les marqueurs génétiques qui correspondent au caractère recherché, pour ensuite sélectionner les animaux sur ce critère, ou sur une combinaison de critères.
L'unité mixte technologique eBIS, associant INRAE à l'Idele et ELIANCE (voir encadré p. 37), s'intéresse à la tolérance à la chaleur chez les vaches laitières Prim'Holstein, Montbéliarde et Normande. L'objectif est d'identifier, chez ces races, les caractéristiques génétiques des animaux qui sont moins sensibles aux fortes températures. Chez les porcs, très sensibles à la chaleur, les données du projet ANR PigHeat ont permis de préciser le déterminisme génétique de la réponse au stress thermique en comparant le porc Créole, une race tropicale, et le porc Large White, une race européenne, et leurs descendants croisés. *« Les résultats fournissent des pistes (biomarqueurs et régions du génome prédicteurs d'une meilleure adaptation au chaud) utiles pour élaborer de stratégies de sélection d'animaux plus tolérants à la chaleur »*, précise Edwige Quillet.
La conduite d'élevage, notamment leur alimentation (composition, rythme de distribution mais aussi libre choix), est également un levier pour améliorer la résilience des animaux. En cas de chaleur par exemple, les animaux ont tendance à moins se nourrir (pour limiter la production de chaleur liée à la digestion de l'aliment), avec des conséquences sur leurs performances de production et leur bien-être. Dans les élevages de →

« Lors du transport et de l'abattage, c'est la présence d'humains inconnus qui génère le plus de peur. » Claudia Terlouw

monogastriques, la composition et les modalités de distribution de l'alimentation peuvent être adaptées pour aider les animaux à supporter la chaleur. David Renaudeau, de l'unité Physiologie, environnement et génétique pour l'animal et les systèmes d'élevage (Pegase), près de Rennes, teste ce type de solution chez les porcs. Avec une alimentation diminuée 24 h à 48 h avant un pic de chaleur, les animaux « ralentissent » leur métabolisme, ce qui leur permet d'éviter une hyperthermie et de récupérer plus vite après le pic de chaleur. *« Nous testons aussi des composés, tels que des antioxydants, des extraits végétaux ou des probiotiques comme des levures, dans l'aliment ou dans l'eau de boisson, qui sont censés compenser les effets négatifs de la chaleur sur les performances des animaux ».*

Le bien-être des animaux

Le regard sur les animaux d'élevage a évolué au XXe siècle pour donner une place de plus en plus importante à leur bien-être. Selon la définition donnée par l'Anses en 2018 et sur laquelle se fonde le Centre national de référence du bien-être animal (CNR-BEA, voir encadré p. 43) : *« Le bien-être de l'animal est l'état mental et physique positif lié à la satisfaction de ses besoins physiologiques et comportementaux, ainsi que de ses attentes ».* Il se traduit par 5 libertés individuelles : l'absence de faim et de soif ; l'absence de peur ; l'absence de stress ; l'absence de douleur et de maladie ; la liberté d'expression d'un comportement normal de son espèce (notamment choisir ses aliments, ses déplacements, ses activités dans un environnement enrichi par des objets en paille, bois, plastique, à mâcher, à manipuler…).

En élevage, le bien-être de l'animal dépendra donc de la propre perception que chaque animal a de son environnement. Il a également un impact économique. Ainsi, les travaux de Claudia Terlouw, physiologiste et éthologue à l'unité Herbivores, près de Clermont-Ferrand, montrent que le stress lié à l'abattage et au transport détériore la qualité de la viande (couleur, tendreté, durée de conservation…). Les simulations réalisées par Larissa Billaudet pendant sa thèse, encadrée par Isabelle Veissier (unité Herbivores également), auprès de 300 fermes, montrent que prendre en compte le bien-être des animaux est possible sans dégrader les résultats économiques de l'exploitation.

→

ENJEU

Le plein air, un facteur de bien-être animal complexe

86 % des Français interrogés se disent intéressés par les conditions de vie, de transport et d'abattage des animaux d'élevage[1]. Ils citent notamment l'accès à un espace extérieur comme l'un des principaux enjeux de l'élevage de demain. Le plein air est associé au bien-être des animaux, à une meilleure qualité des produits alimentaires qui en sont issus, mais également à la faisabilité et à la charge de travail pour l'éleveur. L'élevage avec un accès extérieur représente cependant des défis : des températures extrêmes (pluie et froid la nuit ou en hiver, canicules), une plus forte exposition aux pollutions, aux prédateurs, aux parasites présents dans les prairies ou aux agents pathogènes véhiculés par les animaux sauvages et les arthropodes (grippe aviaire, peste porcine, maladie hémorragique épizootique…).

1. Sondage Opinionway pour Lit Ouesterel (2022) url.inrae.fr/3QJmFkv

BIEN-ÊTRE ANIMAL

Une préoccupation des éleveurs

À partir d'une enquête auprès d'éleveurs porcins dans le cadre du projet PANORAMA financé par INRAE, Céline Tallet, chercheuse à l'unité Pegase près de Rennes, souligne que *« tous ont à cœur le bien-être et la santé de leurs animaux, indépendamment du système d'élevage dans lequel ils travaillent. En revanche, le concept de bien-être animal diffère, entre ceux qui l'associent à la santé et aux performances et ceux qui l'associent plutôt au comportement et aux émotions. »* Isabelle Veissier, de l'unité Herbivores près de Clermont-Ferrand, fait le même constat chez les éleveurs bovins : *« Les interventions douloureuses posent un problème au public, mais aussi aux éleveurs qui les pratiquent ».* Anne Collin, de l'unité Biologie des oiseaux et aviculture (BOA) près de Tours, évalue l'impact de divers leviers techniques (éclosion à la ferme, utilisation de différentes souches de poulets en élevage de plein air…) selon des critères multiples incluant le bien-être des éleveurs, ceci dans une démarche « One Welfare ».

GÉNÉTIQUE ANIMALE

Comment s'adapter aux défis sanitaires, alimentaires et climatiques ?

LA SÉLECTION GÉNÉTIQUE CONTRE LES MAMMITES DES ZÉBUS INDIENS

L'Inde est le premier pays producteur de lait de vache au monde, avec un grand nombre de petits éleveurs et un faible rendement par animal. Depuis plusieurs décennies, la BAIF, une organisation non gouvernementale qui œuvre pour une meilleure prospérité des populations rurales, insémine des zébus avec du sperme de taureau occidental, pour augmenter la production de lait, très faible chez cette espèce, et assurer une alimentation à une large population, très consommatrice de produits laitiers. Partenaire de la BAIF depuis 2019 dans le cadre d'un laboratoire international associé (LIA), INRAE a renforcé sa collaboration par la signature d'un accord-cadre en 2023, avec un axe sur la sélection génétique des zébus pour améliorer la santé des animaux et leurs performances laitières. La diminution du nombre de mammites est l'un des enjeux forts de ce travail, ainsi que l'amélioration de la fertilité et du taux de matière grasse du lait.

CROISER 3 RACES POUR DES VACHES LAITIÈRES TOUT TERRAIN

INRAE teste le croisement de 3 races bovines, Prim'Holstein (une bonne laitière, mais dont la production baisse au-dessus de 25 °C), Rouge scandinave (bonne reproductrice) et Jersiaise (rustique car moins exigeante en termes d'alimentation et de soin et souffrant moins des températures élevées). Ce croisement permet de bénéficier des caractéristiques des 3 races et de disposer de vaches laitières plus rustiques, bien adaptées au pâturage, bonnes productrices et bonnes reproductrices. *« Le croisement avec la Jersiaise permet en outre d'améliorer les taux de matière grasse et protéique du lait, tout en limitant l'impact des températures élevées sur la production laitière »*, constate Sandra Novak, responsable scientifique de l'expérimentation système OasYs, dans l'unité expérimentale Fourrages, ruminants, environnement (Ferlus) de Lusignan.

CONSERVER LES RESSOURCES GÉNÉTIQUES DES RACES ACTUELLES ET ANCIENNES

La diversité des races animales et la variabilité au sein de ces races sont autant d'atouts pour identifier des caractéristiques génétiques d'intérêt : résilience, résistance aux maladies, qualité de la viande ou du lait, etc. Pour pouvoir caractériser et mobiliser cette diversité génétique, la recherche a besoin de disposer d'échantillons biologiques, aux caractéristiques identifiées, et préservés dans les conditions adéquates, dans des Centres de ressources biologiques (CRB). INRAE est membre du CRB-Anim, gérant dans ses 6 centres, des ressources reproductives (semence) ou génomiques (génome séquencé des races) pour les animaux d'élevage ou de compagnie. Ils peuvent identifier des animaux originaux dans une race à petit effectif. Par exemple, pour la race bovine Abondance, un taureau dont la lignée avait disparu a pu être réutilisé 30 ans plus tard (soit 6 à 9 générations après sa naissance) grâce à de la semence conservée dans un CRB. Au-delà de la conservation, ces ressources sont utiles pour la gestion des populations et de leur diversité. L'exploration des collections permet d'identifier, chez les races actuelles et anciennes, des variants génétiques originaux qui seraient utiles dans un système d'élevage revu pour être plus agroécologique (projet AgroDiv du PEPR Agroécologie et numérique).

© INRAE – Christophe Maître

L'évaluation du bien-être se base à la fois sur des paramètres physiologiques, comme la fréquence cardiaque ou le taux de cortisol, et sur une observation et une analyse des comportements de l'animal : agité ou apathique, vigilance, jeux, alimentation, interactions avec les congénères, type de vocalisations... Le stress, quand il dépasse les capacités de l'animal à y faire face (trop intense, trop répété), altère le bien-être. Claudia Terlouw a constaté chez les bovins que, lors du transport et de l'abattage, c'est la présence d'humains inconnus qui génère le plus de peur, plus que le transport lui-même ou la séparation d'avec ses congénères. Les caractéristiques génétiques et le vécu de l'animal sont aussi des facteurs importants à prendre en compte dans les causes de ses peurs.

Depuis quelques années, les recherches sur le bien-être visent à identifier et à promouvoir les émotions positives de l'animal, tout au long de sa vie, et pas seulement à corriger les sources de douleurs. Xavier Fernandez, chef du département Physiologie animale et systèmes d'élevage d'INRAE, explique que *« ces recherches passent par une meilleure connaissance des capacités cognitives des animaux qui les rendent à même d'apprendre, de déployer des stratégies d'adaptation aux diverses situations, de se servir de leur environnement et bien sûr de développer des relations à la fois avec leurs congénères mais aussi avec leur éleveur. L'enjeu sera de nous appuyer sur ces connaissances pour proposer les leviers qui permettront de générer des expériences positives pour les animaux »*. Par exemple, des chercheurs de l'unité Physiologie, reproduction et comportements (PRC) à Tours ont montré que la poule domestique peut résoudre une tâche relativement complexe, capacité habituellement attribuée à des mammifères. Ainsi, par un jeu d'affichage successif de symboles dont un lié à une récompense, il a été montré que la poule était capable de reconnaître et désigner ce symbole avec son bec. L'objectif est de fournir les connaissances scientifiques nécessaires à la prise en compte des expériences positives dans l'évaluation du bien-être des animaux d'élevage. La Commission européenne prépare une révision en profondeur de sa législation sur le bien-être des animaux qui s'appuie sur les dernières avancées scientifiques dans ce domaine.

Cependant, donner aux animaux plus de liberté

↑
Troupeau allaitant de race Romane, élevé en plein air intégral sur le domaine expérimental INRAE de La Fage, sur le Causse du Larzac.

pour se mouvoir, entrer ou sortir du bâtiment, jouer, nécessite un apprentissage des animaux et génère de nouveaux défis pour les éleveurs. Par exemple, la réglementation évolue vers moins d'élevages en cages : depuis 2021, en France, les nouvelles constructions de bâtiments avec cages sont interdites pour les poules pondeuses, avec la perspective d'une interdiction à l'échelle européenne et pour tous les animaux (autres volailles, lapins, truies) pour 2027[6]. Mais donner plus de liberté n'est pas si facile : chez les poules pondeuses, l'élevage au sol, que ce soit en bâtiment ou en plein air, occasionne 1 à 3 % d'œufs pondus hors nids, qui représentent des pertes (écrasement), un déclassement (des œufs souillés), un travail supplémentaire pour l'éleveur qui doit ramasser ces œufs éparpillés. Aussi, les poules hors cage ont tendance à piquer la tête ou les plumes de leurs congénères. Ce picage peut correspondre simplement à un comportement d'exploration, mais dans certains cas, le picage peut être agressif et source de stress pour tout le groupe. Le plein air ou la baisse de densité peuvent diminuer ce phénomène. La sélection génétique peut aussi contribuer à l'adaptation des animaux aux systèmes donnant plus de libertés. À l'unité Pegase près de Rennes, des généticiens, dont Nicolas Bédère, ont identifié les caractéristiques de poules favorisant la ponte au nid, capables d'aller chercher des nids vides plutôt que de rester près de leurs congénères et pondre au sol. Ces critères de sélection sont déjà utilisés chez un sélectionneur. Julie Collet, généticienne à l'unité Biologie des oiseaux et aviculture (BOA), près de Tours, s'intéresse aux caractéristiques génétiques qui contrôlent le comportement des poulets de chair sur les parcours (certains sortent beaucoup, d'autres très peu, etc.). Chez le porc, d'autres recherches visent à sélectionner des truies plus maternelles, pour diminuer le risque d'écrasement des porcelets en bas âge par leur mère, lorsque la truie n'est pas dans un dispositif de contention.

Le numérique pour un suivi individualisé et précoce

Les applications numériques sont d'un grand appui pour les éleveurs. Réduisant leur temps de surveillance, elles leur permettent une détection précoce des situations anormales et peuvent aussi favoriser les situations positives par anticipa- →

EXPERTISE

Un centre national de référence pour le bien-être animal

INRAE est, avec l'Anses, des instituts techniques et des écoles vétérinaires, un des membres constitutifs du Centre national de référence pour le bien-être animal (CNR BEA). Ce centre, qui implique de nombreux acteurs de filières, des associations et des instances publiques, vise à consolider et diffuser les recommandations sur le bien-être animal, notamment pour aider à appliquer les réglementations nationale et européenne sur le terrain. Depuis 2017, le CNR BEA et son réseau d'experts émettent des avis et élaborent des dossiers thématiques pour construire un consensus scientifique en appui aux politiques publiques sur le bien-être animal, en objectivant les pratiques douloureuses et en identifiant les alternatives.

LIT-OUESTEREL

Réconcilier élevage et société

Le LIT OUESTEREL est un living lab qui associe 66 membres dont des coopératives, des chambres d'agriculture, des associations de protection des animaux et de l'environnement, des collectivités locales. Soutenu par la Banque des Territoires et les Régions Bretagne, Normandie et Pays de la Loire, son objectif est de développer et mettre en œuvre des solutions permettant d'améliorer le bien-être des animaux d'élevage (BEA). Il produit des référentiels sur le BEA utilisés à la fois pour cibler les verrous techniques à lever et informer le consommateur via un étiquetage sur le produit final. Il donne lieu à une soixantaine d'actions très diverses, pour garantir l'étourdissement des animaux à l'abattage, valoriser auprès des consommateurs les efforts mis en œuvre pour le BEA par les acteurs des filières... Les outils d'analyse multicritère visent à doter les acteurs de moyens leur permettant d'étudier les impacts des solutions pour le BEA sur l'ensemble des dimensions de la durabilité.

tion de problèmes. Pour les porcs, l'application PIGLOW a été créée en 2021 dans le cadre du projet européen PPILOW. À partir des observations de l'éleveur, l'application calcule un score de bien-être pour la ferme, identifie les facteurs de risque et fournit des conseils. Elle contribue aussi à attirer l'attention de l'éleveur sur des comportements ou facteurs de risque pour le bien-être animal dans une démarche d'amélioration continue. PIGLOW est la déclinaison d'autres applications développées en collaboration entre INRAE et les instituts techniques : Boviwell pour les bovins, Beep pour les porcs, Ebene pour les volailles et les lapins et Moubiene pour les moutons.

D'autres technologies telles que des capteurs physiologiques servent à évaluer le bien-être animal. Céline Tallet, éthologue à l'unité Pegase, enregistre les sons dans les élevages porcins, en partenariat avec l'Ifip. Moins coûteux à mettre en place et à analyser que des vidéos, ces enregistrements sont utiles pour identifier le stress et la douleur chez les porcs, notamment pour reconnaître les cris caractéristiques en cas de morsure de la queue. Ces enregistrements pourraient permettre aux éleveurs d'intervenir plus tôt et limiter les morsures.

Le projet WAIT4 au sein du PEPR Agroécologie et numérique (France 2030), coordonné par Florence Gondret de l'unité Pegase et mené avec le laboratoire d'innovation territoriale (LIT) Ouesterel, le CEA et Inria, utilise l'intelligence artificielle pour évaluer le bien-être des animaux à l'aide d'indicateurs pertinents, suivre l'état de bien-être de chaque individu en temps réel afin de déclencher des alertes et objectiver les pratiques qui améliorent le bien-être.

Améliorer la protection des animaux lors de l'abattage

INRAE travaille avec la Direction générale de l'Alimentation (DGAL) et des abattoirs pour adapter les consignes réglementaires et l'utilisation des outils d'étourdissement et d'abattage aux dernières connaissances. Des recherches sont entreprises, par exemple dans l'unité Physiologie, reproduction et comportements (PRC) près de Tours pour mieux comprendre la façon dont les animaux perçoivent l'environnement de l'abattage. Ces travaux s'intéressent par exemple aux facteurs générateurs de stress pour les animaux en abattoir (urines, bruits...) et aux moyens de minorer ces stress (présence de congénères comme une ressource sociale, ou présence de nourriture pour les rendre moins craintifs).

INRAE accompagne aussi des alternatives aux abattoirs industriels, souvent portées par des collectifs d'éleveurs et d'éleveuses. « *La modernité agricole a accentué une séparation entre l'élevage et l'abattage. Depuis plusieurs années, certains éleveurs se sont engagés dans un travail de réappropriation de l'abattage, pour donner une mort digne à leurs animaux* », souligne Sébastien Mouret, de l'unité Innovation à Montpellier. Ainsi, certains reprennent des abattoirs sous forme coopérative : les éleveurs y prennent en charge des tâches d'abattage, de découpe et de gérance. Le chercheur souligne les relations de solidarité et de coopération au travail qui se mettent en place dans ces abattoirs.

D'autres initiatives se structurent autour de projets d'abattoirs mobiles : en permettant l'abattage à la ferme, ils évitent le stress des animaux lié au transport, à la cadence intensive des abattoirs et répondent aux attentes des circuits courts de commercialisation. Cependant, la concrétisation de ces projets implique, pour les éleveurs qui les portent, d'intéresser les acteurs publics (collectivités) et privés (abattoirs) aux enjeux de ces abattoirs innovants. Elle suppose aussi une évolution des normes sanitaires autour de l'abattage. ●

1. Source : interview Muriel Vayssier-Taussat
2. Grossi et al., Animal Frontiers, 2019
3. url.inrae.fr/3QLzzym
4. Source : Syndicat de l'industrie du médicament et du diagnostic vétérinaire www.simv.org/vaccins
5. url.inrae.fr/3QMCrLs
6. L'initiative citoyenne européenne (ICE) intitulée « End the Cage Age » (Pour une nouvelle ère sans cage) a reçu un avis favorable de la Commission européenne, qui évalue la faisabilité d'une entrée en vigueur en 2027.

DES SYSTÈMES INNOVANTS DANS LES TERRITOIRES

Au-delà des évolutions techniques, l'élevage, élément majeur des paysages, doit ancrer sa transformation dans les territoires. Il s'agit de développer des complémentarités entre exploitations, d'organiser les filières et les emplois au niveau local, en impliquant tous les acteurs. Enjeux.

La loi climat et résilience du 22 août 2021 a fixé pour la France l'objectif d'atteindre le « zéro artificialisation nette des sols » (ZAN) en 2050, pour préserver la surface utile agricole (SAU) et la biodiversité, réduire les risques d'inondations et de pollution des eaux et s'adapter au changement climatique. Par ailleurs, la transition énergétique et la Stratégie nationale bas-carbone s'appuient en grande partie sur la biomasse issue de l'agriculture et de la forêt, augmentant le risque de concurrence entre les différents usages des terres. Pour répondre à cette pression sur les terres agricoles, nombre d'initiatives couplent élevage et production d'énergie, via l'agrivoltaïsme (voir Ressources #5) ou l'agroforesterie, qui permettent un complément de revenus par la production d'énergie ou la vente de bois. Coupler les cultures et l'élevage, sur une exploitation ou à l'échelle d'un territoire, est bénéfique pour la qualité des sols et le climat grâce à la fertilisation organique des terres par les effluents d'élevage se substituant aux engrais de synthèse. Le couplage présente également des avantages économiques comme le teste l'unité expérimentale Aster de Mirecourt dans les Vosges avec ses vaches laitières et ses autres activités développées dans une recherche de circularité et d'autonomie maximales. *« L'objectif n'est pas de proposer un modèle clé en mains mais différentes stratégies inventées ici, pas à pas avec les acteurs, pour se passer des pesticides, produire au plus près des besoins, éviter les pertes... »*, explique Bénédicte Autret, ingénieure agronome et directrice de l'unité, dont le but est d'expérimenter des systèmes en rupture rentable sans sacrifier les conditions de travail.

Pour une alimentation locale et optimisée des animaux

Dans les plaines du Poitou, à Lusignan, l'expérimentation OASYS teste les haies bocagères comme source de nourriture complémentaire pour des vaches laitières, notamment en été lorsque la prairie est dégradée par la sécheresse. *« Dans les feuilles d'arbres ou de buissons (par exemple de mélisse), il y a des éléments intéressants pour la santé des animaux »*, expose Sandra Novak, de l'unité Fourrages, ruminants et environnement (Ferlus). INRAE mène aussi des expérimentations avec des ovins et des lapins, qui peuvent bénéficier des arbres ou être introduits dans des vergers et →

↑ Engraissement de porcs sur litière de paille, alternative à l'élevage sur caillebotis.

vignes et offrir en retour une fertilisation du sol. En Guadeloupe, l'expérimentation système Kreyol'Innov est centrée sur cette reconnexion culture-élevage, avec des cultures à double fin (à la fois pour l'alimentation humaine et animale) et la valorisation de coproduits. *« Nous associons des animaux aux besoins différents, pour valoriser au mieux la ressource disponible »*, explique Harry Archimède, de l'unité Agroécologie, génétique et systèmes d'élevage tropicaux (ASSET), à Petit-Bourg et président du centre INRAE Antilles-Guyane. Les produits fibreux (feuilles de bananier, de canne à sucre, fanes de cultures vivrières) nourrissent les ruminants (cabri, mouton, bœuf) et les produits plus digestibles (bananes ou patates douces déclassées) sont distribués aux volailles et porcs. Les lapins profitent des deux types d'aliments. L'exploitation explore les complémentarités sur le territoire : elle récupère de la mélasse issue de l'industrie sucrière, des épluchures de fruits, légumes ou tubercules... Un élevage d'insectes est en création, pour valoriser des végétaux déclassés et produire des farines d'insectes, comme aliment pour les volailles. Cette complémentarité entre cultures et élevage, qui contribue au bouclage des cycles des éléments peut aussi se jouer à une échelle plus large et via de nouvelles formes d'organisation : contractualisations entre éleveurs et cultivateurs, introduction de brebis en pâture sur des intercultures pour éliminer les herbes indésirables et fertiliser les sols ou bien encore, installation de fermes collectives, avec spécialisation des entités de base sur une production mais avec des liens forts entre ateliers.

Sur le terrain, des réseaux de fermes pour tester les solutions système

La reconception des systèmes d'élevage représente des investissements conséquents, et relever le défi des transitions nécessite des expérimentations à l'échelle de la ferme, afin de vérifier l'efficacité des solutions proposées. INRAE s'appuie sur un réseau de 75 unités et installations expérimentales, pour tester, affiner et valider des solutions innovantes. Leurs résultats sont ensuite déployés dans des réseaux de fermes qu'INRAE accompagne afin d'établir des références et de les diffuser. Construit dans les années 1980 sur le principe d'une approche globale des systèmes d'exploitation, le dispositif national INOSYS Réseaux d'élevage, porté par l'Idele et le réseau des chambres d'agriculture, mobilise 1500 éleveurs autour d'un objectif commun : analyser l'évolution des exploitations pour outiller et accompagner les acteurs du secteur de l'élevage face aux enjeux de demain. INRAE est membre du comité d'orientation et de suivi du réseau. Chaque exploitation réalise un recueil de données portant sur un large spectre de questions techniques, économiques et environnementales. Les références produites alimentent le conseil, la formation des éleveurs et le monde de la recherche.

Pour parvenir à des systèmes agricoles neutres du point de vue de leur impact environnemental à l'horizon 2050, tout en assurant des modèles économiques viables, le projet européen ClieNFarms a été lancé en 2022. Coordonné par INRAE et impliquant des agriculteurs, des entreprises agroalimentaires, des décideurs politiques et des citoyens, il vise à intégrer et améliorer les solutions existantes, via des fermes-pilotes, grâce à l'implication de tous.

En 2021, l'Idele, l'Institut de l'élevage, a lancé le projet européen Life Carbon Farming pour tester des systèmes de rémunération des services écosystémiques. Il s'agit en l'occurrence de quantifier et rémunérer les services rendus par l'agriculture en termes de réduction d'émissions de GES et de séquestration du carbone sur 700 fermes en polyculture-élevage en Europe. Le projet rémunère la baisse d'émissions de ces fermes par des crédits carbone, sur la base d'un audit réalisé à l'aide de l'outil Cap'2ER®. Cet outil certifié propose un calcul des performances environnementales des élevages de ruminants à partir du bilan carbone des intrants, de la consommation d'énergies fossiles, de la gestion des prairies et des rotations, etc. Un nouvel audit est réalisé 5 ans plus tard, après un accompagnement réalisé par les conseillers formés sur la réduction des émissions des exploitations, afin d'évaluer les progrès accomplis. Ce projet vise aussi à évaluer les coûts de mise en œuvre de projets bas-carbone.

Réfléchir à l'échelle des territoires

Pour simuler des liens entre les activités à l'échelle d'un territoire, plusieurs outils sont développés à INRAE. Sans constituer des outils de prévision, ils offrent un support fictif mais réaliste pour →

DÉVELOPPEMENT

Les coproduits végétaux, aliments à faible bilan carbone

Les coproduits sont des matières créées au cours du processus de production d'un produit alimentaire sans être « retenus ». Ils sont issus de la ferme (paille de maïs, légumes déclassés…) ou de la transformation (sons, drèches et farines grossières de céréales…). Ils ont un bilan carbone faible mais peuvent constituer des matières premières de bonne qualité nutritionnelle. Augmenter l'utilisation de coproduits dans l'alimentation animale diminue le besoin de terres et augmente le service rendu par l'élevage, en participant à la production de produits de bonne valeur nutritionnelle pour les humains, comme la viande, le lait ou les œufs. Cependant, certains coproduits ne sont pas transportables sur de longues distances et doivent être consommés rapidement (car très humides). Ce qui implique de raisonner les disponibilités à l'échelle du territoire.

Poussins consommant des coproduits. © INRAE – Christophe Maître

↑
Ovins en pâture dans l'Aveyron.
© Jean Weber

soutenir les réflexions. L'outil Capfarm simule ainsi des paysages en fonction de l'élevage sur un territoire. Par exemple, il a servi en Haute-Garonne à simuler les conséquences de la baisse de l'élevage : la disparition des prairies entraînerait une augmentation de l'érosion des sols. L'outil permet alors d'explorer, avec les acteurs du territoire, plusieurs chemins pour les fermes de polyculture-élevage et d'évaluer les effets de transitions collectives. Les jeux de rôle Dynamix et Fertilico, eux, simulent des échanges entre fermes au niveau du territoire, pour mettre en discussion éleveurs et céréaliers afin d'organiser leurs complémentarités, ou l'utilisation collective d'un méthaniseur sur le territoire.
Dans les systèmes d'élevage, la méthanisation peut être un atout à la fois économique et environnemental pour l'exploitation en valorisant les effluents en énergie (biogaz) permettant de diminuer les émissions de GES de leur stockage et de produire une énergie renouvelable. Toutefois, pour des questions de rentabilité et d'économie d'échelle, l'insertion de la méthanisation dans une exploitation agricole ou un groupe d'exploitations engendre une modification du système global de production. En effet, le potentiel énergétique des effluents d'élevage est relativement faible et ils demandent à être associés avec d'autres matières, végétales notamment, afin d'assurer une productivité énergétique suffisante. Les premières études réalisées à l'échelle des systèmes de production montrent que la méthanisation génère des modifications des systèmes de culture et conduit actuellement majoritairement à leur intensification, ce qui est peu compatible avec la transition agroécologique. C'est pourquoi le GIS APIVALE réunissant INRAE, des universités, l'Anses, l'Institut Agro et le CNRS insiste sur la nécessité de prendre en compte l'ensemble des services environnementaux nécessaires à la transition agroécologique dans le développement de modèles de méthanisation en système couplé culture-élevage.

Inverser la tendance de la spécialisation

Pour contrer la spécialisation des régions françaises, la réintroduction de l'élevage sur les territoires où il a disparu, comme la Beauce ou le Berry, est étudiée. Cela soulève notamment de nouveaux défis sur l'organisation du travail et le développement de compétences diversifiées, en particulier sur la relation aux animaux. Le think tank The Shift project montre qu'à l'échelle de l'Europe, le bilan global serait une création d'emplois[1] même si des rééquilibrages entre les régions sont à prévoir.
Les approches territoriales ont un rôle crucial pour définir des politiques de développement permettant d'implanter des systèmes alimentaires durables. Une telle redistribution de l'élevage dans les territoires *« va à l'encontre de l'économie de concentration, qui représente un atout économique pour les grandes filières. Une réflexion collective relayée par la mise en œuvre de politiques publiques qui sera indispensable »*, remarque Marc Benoit, de l'unité Herbivores près de Clermont-Ferrand. Ce serait en revanche un atout pour contribuer à la souveraineté alimentaire des territoires. *« On doit avoir une souveraineté alimentaire à l'échelle de la France, mais aussi à l'échelle des territoires. »* ●

1. url.inrae.fr/3QLxiD8

EXPÉRIMENTATIONS

TRANSI'MARSH

Biodiversité et élevage bovin en marais littoraux

Transi'marsh, pilotée par Anne Farruggia et Daphné Durant, de l'unité expérimentale de Saint-Laurent-de-la-Prée, évalue un système agricole autonome s'appuyant sur une race bovine rustique locale, la Maraîchine. Elle a pour objectifs de produire une alimentation de proximité, de contribuer à l'atténuation du changement climatique et de restaurer la biodiversité, tout en dégageant un revenu supérieur au SMIC. La ferme a réduit ses achats d'intrants à de la paille, une partie des semences et du carburant. Elle expérimente la valorisation de ressources végétales atypiques pour l'alimentation et la litière des animaux (roseau, lentilles d'eau, etc.) qui constitue un soutien à l'activité de production laitière et de viande, tout en préservant l'environnement, mais qui demande une gestion adaptée pour assurer leur renouvellement. Grâce à la création de bandes refuges pour les insectes et les oiseaux dans les parcelles fauchées, une mosaïque de cultures et la gestion des niveaux d'eau dans les canaux du marais, Transi'marsh obtient des résultats prometteurs pour des espèces à enjeux de conservation. Enfin, l'intégralité de la viande est vendue via des circuits de proximité suscitant de nombreuses interactions avec les professionnels de l'alimentation.

PORGANIC

Pour des systèmes porcins alternatifs

Sur la plateforme de système porcin biologique créée par INRAE et pilotée par Stéphane Ferchaud, de l'unité expérimentale GenESI, les truies et les porcs en croissance sont élevés sur de larges surfaces paillées, et ils ont accès à des courettes partiellement couvertes conformément au cahier des charges de l'AB. Les porcs sont nourris avec des matières premières locales, sans ajout d'acides aminés de synthèse. La ration des porcs et des truies est complétée par du foin. Cet aliment, bien que d'un faible intérêt nutritionnel pour ces animaux, assure leur satiété et est favorable à son bien-être. Le sevrage des porcelets est de 49 jours contre 40 jours en élevage bio classique et 21/28 jours en élevage conventionnel. Ce délai permet aux porcelets d'avoir une bonne maturité digestive et une bonne adaptation aux conditions en post-sevrage. Des travaux sont en cours pour identifier des races de truies mieux adaptées à la conduite en AB et pour identifier des substances naturelles alternatives aux hormones pour la synchronisation des chaleurs des truies, en conditions AB.

BECOME

Un pôle de recherche pour tous types de volailles

Le pôle d'expérimentation avicole de Tours, piloté par Louise Dangy, simule tous types de systèmes d'élevage : incubation et éclosion des œufs, élevage pour la ponte et la chair, reproduction, production d'aliments, production de viande de volaille et d'œufs. Les installations du pôle permettent d'étudier l'ensemble de la chaîne de production, grâce à l'intégration d'une unité de production d'aliments et d'un abattoir. Le pôle développe des systèmes d'élevage avicole plus durables et plus respectueux du bien-être animal. Il teste aussi les mangeoires et les nids électroniques permettant la collecte de données de consommation et de ponte, tout en réduisant le nombre d'animaux utilisés.
Le pôle est impliqué dans l'unité mixte technologique Become, lancée fin 2022. Ce dispositif de soutien à l'innovation associe INRAE à l'Itavi[1] et au Sysaaf[2], pour répondre par la recherche et le développement aux enjeux à l'intersection entre le bien-être des animaux (volailles, lapin et poissons), le travail des éleveurs et les marchés.

1. Institut technique de l'Aviculture, Pisciculture et Cuniculture.
2. Syndicat des Sélectionneurs avicoles et aquacoles français.

LES MALADIES INFECTIEUSES SANS FRONTIÈRES

Depuis quelques décennies, des maladies infectieuses se sont répandues sur le globe, la plus marquante étant la Covid et la pandémie qui a suivi. Parmi ces maladies, les zoonoses soulignent le lien de plus en plus étroit entre humains, animaux domestiques, animaux sauvages et environnements perturbés. L'approche « une seule santé » (One Health) intégrant santés humaine, animale et environnementale s'impose aujourd'hui comme la voie indispensable pour s'armer face à ces fléaux.

Une seule santé

Ce concept promeut une approche globale de la santé humaine, animale et environnementale. Jusqu'à aujourd'hui, ces trois sphères étaient étudiées et traitées séparément. Leur interpénétration de plus en plus grande augmente le développement des zoonoses. Cela souligne la nécessité d'une approche transdisciplinaire pour le développement des connaissances et les réponses à apporter.

1 Les animaux d'élevage ne sont pas coupés de l'environnement : les petites exploitations sont souvent ouvertes sur l'extérieur, permettant des contacts réguliers avec la faune sauvage (grands mammifères, rongeurs, oiseaux...), source de transmission de pathogènes.

2 Les élevages qui concentrent au même endroit un grand nombre d'animaux favorisent la mutation des virus et bactéries pathogènes. Le risque est de voir apparaître de nouveaux variants plus pathogènes, transmissibles à l'homme par l'alimentation ou via le personnel des exploitations.

3 De nombreuses activités humaines favorisent des contacts rapprochés avec les animaux sauvages. La chasse par exemple peut contribuer à la transmission de maladies de l'animal vers l'homme, mais également réguler le nombre d'animaux réservoirs de ces zoonoses.

4 Dans les centres urbanisés, les liens restent étroits entre l'homme et l'animal. Des maladies ou des résistances aux antibiotiques se transmettent de l'un à l'autre. Les nombreux rongeurs qui y vivent sont notamment d'importants vecteurs de zoonoses.

5 À cause des activités humaines, les populations d'une multitude d'espèces animales s'effondrent. La perte d'espèces « cul-de-sac » (qui hébergent un pathogène mais ne le transmettent pas) peut être à l'origine de nouvelles émergences.

6 La mondialisation, avec la multiplication des transports aériens et maritimes, bouleverse la circulation des agents infectieux. En quelques jours, un virus peut faire le tour du monde et transformer une épidémie locale en pandémie mondiale.

7 L'utilisation excessive d'antibiotiques favorise l'émergence de bactéries résistantes. Les gènes de résistance peuvent se transmettre d'une bactérie à une autre, se propageant de l'homme à l'animal ou inversement, et se retrouver dans l'environnement.

8 La déforestation augmente les contacts entre les hommes et la faune sauvage, potentiellement porteuse de virus ou bactéries pathogènes. Les zones déforestées offriraient également un habitat plus favorable aux moustiques, l'un des plus importants vecteurs de maladies.

9 Avec la réduction des espaces naturels, les animaux sauvages se retrouvent toujours plus près des villes et villages. Chauves-souris ou rongeurs sont alors susceptibles de transmettre à l'être humain des pathogènes qui évoluaient jusqu'ici en vase clos.

HOMME, ANIMAL, ENVIRONNEMENT UNE SEULE SANTÉ

Les maladies infectieuses n'émergent pas de nulle part : elles sont liées, d'une façon ou d'une autre, aux animaux sauvages ou domestiques, à l'être humain et ses activités et également à l'environnement. Comprendre ces maladies oblige aujourd'hui à sortir du seul champ médical. Éclairage.

Inde, 1994. Le diclofénac, un antidouleur, voit son prix chuter avec l'expiration de son brevet et l'arrivée de génériques. Les éleveurs indiens l'utilisent dès lors en masse pour soigner les blessures et inflammations de leurs animaux. À la fin des années 1990, les ornithologues observent une hécatombe sans précédent des vautours asiatiques : en quelques années, les populations de ces charognards sont passées de dizaines de millions à quelques milliers d'individus, plusieurs espèces devenant en danger critique d'extinction. Dans le même temps, l'Inde et les pays voisins font face à des problèmes sanitaires croissants, avec une augmentation des rats et des chiens errants ainsi que des baisses locales de la qualité de l'eau.
Trois évènements a priori distincts, traités à l'époque comme tels : une problématique vétérinaire, de nouvelles espèces menacées d'extinction et une question de santé publique. Il aura fallu attendre une décennie pour qu'un lien de causalité soit établi. Les vautours étaient en réalité empoisonnés par le diclofénac présent dans les carcasses de bétail consommées. Or, ces oiseaux tiennent un rôle écologique crucial en faisant office de cul-de-sac épidémiologique : leur système digestif particulièrement acide détruit la plupart des agents pathogènes. Une fois ces vautours disparus, ils laissèrent la place à d'autres charognards, rats et chiens errants, bien moins efficaces et vecteurs de plusieurs agents pathogènes à l'origine de maladies comme la rage. Une étude parue en janvier 2023[1] a ainsi estimé que les problèmes sanitaires causés par la disparition des vautours seraient à l'origine de centaines de milliers de morts en Inde. Il aurait fallu ici une compréhension globale de la situation, impliquant des écologues, épidémiologistes, vétérinaires, médecins, zoologistes et même sociologues, pour mettre en évidence, voire anticiper la cascade d'événements liés à la simple levée d'un brevet.

Émergence d'un concept

Cette vision globale, dans son approche comme dans les acteurs impliqués, est celle du concept « une seule santé » (*One Health* en anglais). Né au début des années 2000, il promeut, pour comprendre et prévenir les épidémies, une approche intégrée de la santé humaine, animale et environnementale, trois compartiments intimement liés mais encore trop souvent étudiés et gérés indé-

pendamment. Ce concept tire notamment ses origines d'un constat : ces dernières décennies, les maladies infectieuses émergentes – dues à des agents pathogènes encore inconnus jusqu'ici – voient leur fréquence, leur distribution et les coûts qu'elles engendrent progresser. Parmi elles, les trois quarts sont des zoonoses : avant de toucher la santé humaine, ces maladies ont pour origine des agents pathogènes infectant des animaux (sauvages ou domestiques, voire les deux), eux-mêmes sensibles aux modifications de leur environnement.

Comme naissent les zoonoses ?

« Le mécanisme d'émergence de zoonoses est un phénomène particulièrement rare qui suit une loi de probabilité : il faut un très grand nombre d'essais ratés avant qu'un agent pathogène ne réussisse à passer la barrière d'espèce et touche les populations humaines », rappelle Jean-François Guégan, directeur de recherche IRD, détaché à INRAE, travaillant à l'UMR MIVEGEC, également expert auprès de l'OMS. Autrement dit, plus les contacts entre les populations humaines et animales sont fréquents et diversifiés, plus le risque de voir apparaître une nouvelle maladie infectieuse humaine augmente. La chasse et le commerce d'espèces animales offrent ainsi de nombreuses occasions à un pathogène de passer de l'animal à l'être humain, et inversement. Les grands marchés asiatiques ou africains où se concentrent de nombreux animaux sauvages vivants constituent aussi un terrain favorable pour l'échange d'agents pathogènes entre espèces. *« En s'enfonçant toujours plus dans les milieux sauvages, qui plus est dans un monde globalisé, où êtres humains et animaux voyagent très rapidement d'un point à l'autre de la planète, on disperse des agents infectieux qui étaient cantonnés dans la forêt depuis des millénaires*, reprend Jean-François Guégan. *C'est par exemple ce qu'il s'est passé avec le VIH et Ebola.* » Ce dernier exemple a été détaillé dans une publication[2] parue en 2017 : selon ses auteurs, une émergence d'Ebola a plus de risque de survenir dans des zones déforestées quelques mois auparavant. Non seulement à cause des contacts plus fréquents entre l'être humain et la faune sauvage sur les chantiers de déforestation, mais aussi en raison de la relocalisation de la faune sauvage, cherchant ailleurs un habitat favorable, riche en nourriture comme le sont souvent les zones habitées par les populations →

1. Franck E. G., Sudarshan A. (2023). « The Social Costs of Keystone Species Collapse : Evidence From The Decline of Vultures in India ». *BFI working paper.*

2. Olivero J. et al. (2017). « Recent loss of closed forests is associated with Ebola virus disease outbreaks ». *Scientific Reports*, 7, 14291.

LES MALADIES INFECTIEUSES HIER ET AUJOURD'HUI

COÛTS EN VIES HUMAINES ET EN DOLLARS DES ÉPIDÉMIES DE MALADIES INFECTIEUSES ZOONOTIQUES DEPUIS 1912

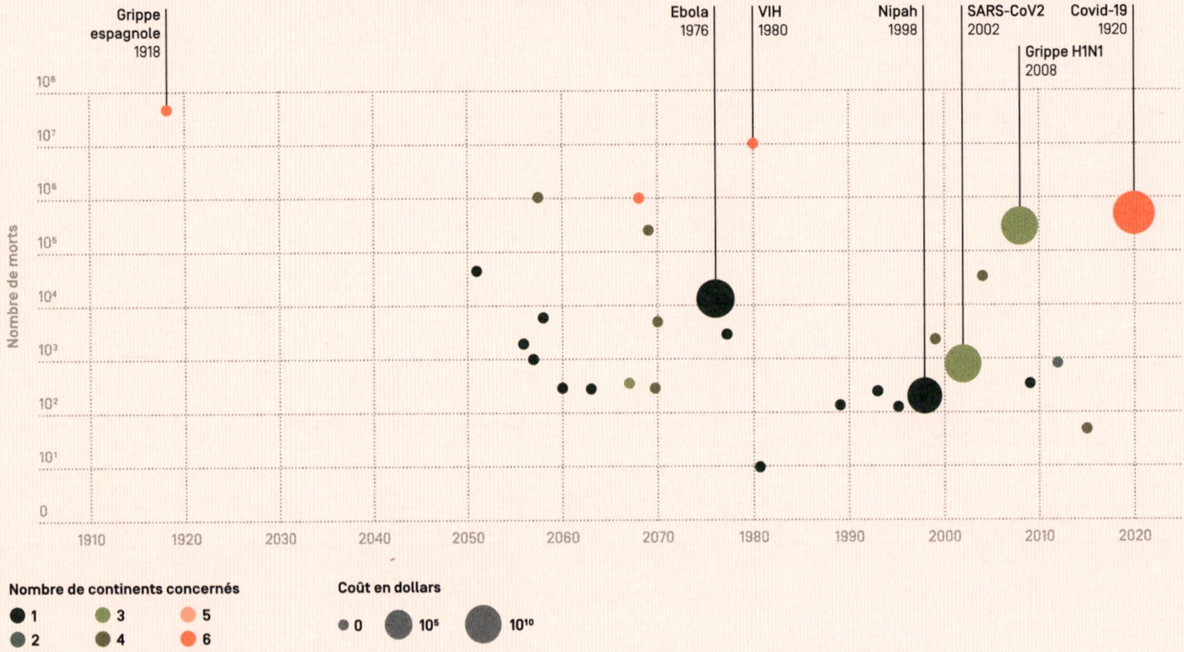

Sources : Bernstein A. S. et al. (2022). The costs and benefits of primary prevention of zoonotic pandemics. *Sci Adv.*, 8(5) : eabl4183.

LES INGRÉDIENTS DU COCKTAIL « UNE SEULE SANTÉ »

8 Mds
d'êtres humains

20 Mds
d'animaux d'élevage dans le monde

100 M
d'hectares de forêts coupés depuis 20 ans

1/3
des terres ont connu un changement d'utilisation des sols en 60 ans

+ de 20
mégalopoles en milieu intertropical

10^{31}
espèces de virus estimées sur Terre

4 Mds
de voyageurs aériens par an

57 000
navires de commerces en activité

75 %
des agents pathogènes humains émergents sont zoonotiques

400 M
de personnes infectées chaque année par un agent pathogène impliquant possiblement un rongeur

↑ Canards arrivant par camion au marché d'Orussey à Phnom Penh, au Cambodge.

humaines. Le virus Nipah en est une illustration bien connue : au tout début des années 2000, l'importante déforestation en Indonésie pour la production d'huile de palme a poussé des chauves-souris à quitter leur habitat naturel pour se réfugier près des populations humaines sur le sous-continent indien. Elles y ont trouvé de la nourriture, notamment des mangues, qu'elles ont contaminées par leur urine. En mangeant ces fruits ou en travaillant dans de grands élevages de porcs qui se nourrissaient de ces fruits, des hommes et des femmes ont été infectés par le virus Nipah, avec un taux de létalité atteignant 70 %. Depuis, un pays comme le Bangladesh connaît presque chaque année une nouvelle flambée épidémique due à ce virus.

Les milieux tropicaux, des terrains fertiles

Les milieux tropicaux concentrent bon nombre des inquiétudes sur la possibilité d'émergence de nouvelles zoonoses. Il faut dire qu'ils réunissent à la fois une biodiversité importante, des systèmes d'élevage extensif et de grands élevages industriels, une déforestation marquée, des peuplements humains denses, parfois dans des conditions insalubres… « *En milieu tempéré, en Europe par exemple, le contexte environnemental est bien entendu très différent, mais le principe reste le même : ici aussi, l'environnement, la faune sauvage, les élevages et les populations humaines interagissent en permanence* », rappelle Nathalie Charbonnel. Cette directrice de recherche INRAE fait partie du Centre de biologie pour la gestion des populations (CBGP), UMR rattachée à plusieurs organismes de recherche français (INRAE, IRD, Cirad, Institut Agro Montpellier). Elle y dirige l'axe dédié aux zoonoses, qui étudie depuis 25 ans les liens entre les agents pathogènes et leurs réservoirs animaux, notamment les petits mammifères. Et ce, en milieu tropical comme dans les pays de l'hémisphère nord.

Des mécanismes de diffusion complexes

« *Nos villes, par exemple, concentrent un grand nombre de rongeurs que nous côtoyons quotidiennement. Il y a une forte présence humaine, des animaux domestiques et des lieux favorisant les rencontres, avec des parcs urbains, parfois des zoos* », liste Nathalie Charbonnel. BioRodDis, l'un des projets d'envergure qu'elle a récemment coordonné en équipe, s'est ainsi in- →

↑
Relâcher d'un campagnol roussâtre après analyse de son microbiote, dans le cadre du projet BioRodDis.
©INRAE – Nathalie Charbonnel

téressé aux agents pathogènes véhiculés par les rats, souris et autres petits mammifères dans des milieux plus ou moins urbanisés, allant de forêts à des parcs urbains. Avec comme originalité de regarder jusqu'au microbiote intestinal de ces animaux. *« Nous souhaitons voir s'il y a un lien entre la composition du microbiote et les agents pathogènes présents. Si c'est le cas, on pourrait évaluer le risque d'infection en analysant simplement le microbiote des animaux via leurs déjections, par exemple. »*

Ce projet de trois ans implique bien sûr écologues, virologues et épidémiologistes, mais aussi des gestionnaires de l'environnement et même des sociologues du risque. Les équipes se sont par exemple rendu compte que certaines stratégies de gestion visant à éliminer les rats dans un parc pouvaient avoir un effet délétère en augmentant la présence d'agents pathogènes : en effet d'autres espèces sauvages jouant un rôle dans la régulation de ces agents ont pu être, elles aussi, impactées par ces actions d'éradication des rats.

C'est aujourd'hui tout l'enjeu du concept « une seule santé ». Comprendre les liens entre santé humaine, animale et environnementale constitue déjà un défi pour la recherche, mais ce n'est qu'une première étape nécessaire pour ensuite appliquer cette compréhension aux actions de lutte et de prévention menées sur le terrain.

Un virus au centre des préoccupations mondiales

S'il est bien un virus qui inquiète les spécialistes du monde entier, c'est incontestablement celui de la grippe aviaire – ou plutôt de l'influenza aviaire, le terme « grippe » désignant la maladie lorsqu'elle touche l'être humain.

Même si les contaminations humaines restent aujourd'hui très rares, la rapidité d'expansion du virus au sein des faunes sauvage et domestique et son potentiel de transmission aux mammifères (près d'une quarantaine d'espèces déjà touchées) font de ce virus une potentielle bombe pandémique à surveiller de près.

Les premiers cas aviaires dus au sous-type viral H5N1 sont apparus en Asie en 1996, mais c'est 10 ans plus tard que l'épizootie se propage, atteignant l'Europe à la faveur d'oiseaux migrateurs ou via le transport d'animaux d'élevage. Durant l'hiver 2016-2017, le nombre de cas s'envole, entraînant des abattages massifs dans les élevages européens. À partir de 2020, tout s'accélère : le virus touche un nombre sans précédent d'oiseaux domestiques et sauvages en Asie, Europe et Afrique, avant d'atteindre l'Amérique du Nord en 2021, puis le Sud du continent l'année suivante. Plus de 80 pays sur les 5 continents sont aujourd'hui touchés, avec 250 millions de volailles abattues ces dernières années.

Plus problématique encore, le virus a réussi à de nombreuses reprises à travers le monde à contaminer des mammifères : phoques, renards, ours et même chats. *« C'est doublement inquiétant, car la génétique de ces espèces est plus proche de la nôtre, et cela constitue aussi un plus grand nombre de réservoirs pour le virus »*, alerte la chercheuse INRAE Claire Guinat de l'UMR Interactions hôtes-agents pathogènes (ENVT/INRAE). Un véritable terrain de jeu évolutif pour un virus, qui fait craindre des mutations ou des recombinaisons avec d'autres virus proches, avec comme risque ultime la capacité à se transmettre d'un être humain à un autre. Un véritable scénario catastrophe pour un virus ayant un taux de létalité supérieur à 50 % chez l'homme.

« Il est difficile de prévenir une émergence ; cependant nous pouvons étudier les dynamiques d'émergences et de transmissions passées, notamment les passages inter-espèces, afin de développer des moyens de lutte efficaces pour prévenir une éventuelle diffusion », reprend Claire Guinat. Cette épidémiologiste a décroché en 2023 une bourse accordée par l'European Research Council (ERC) de 1,5 million d'euros sur 5 ans pour l'ambitieux projet TrackFLU. Son terrain d'étude : les immenses marchés de volailles vivantes du Cambodge. *« Différentes souches d'influenza aviaire y circulent au sein de plusieurs espèces, avec un niveau de biosécurité très limité : un écosystème parfait pour l'émergence de nouvelles souches. De plus, c'est ici que le plus de cas humains sont apparus. »* Durant la première phase de terrain du projet, les équipes tâcheront de retracer dans le temps et l'espace le trajet et l'évolution des différentes souches virales dans les nombreux marchés du pays, les fermes d'élevage et même la faune sauvage environnante. Dans un second temps, les chercheurs souhaitent développer un outil numérique capable de prédire la transmission du virus à travers tout le réseau et ainsi aider les décideurs locaux à prendre les mesures de contrôle les plus pertinentes, à la source même des épidémies.

Signe de la menace que représente la grippe aviaire, de nombreux projets de ce genre voient le jour à travers le monde. En 2023, l'OMS émettait une liste de recommandations pour atténuer les risques d'émergence : renforcer la surveillance et les enquêtes épidémiologiques comme le fait TrackFLU, se préparer à tous les niveaux à un risque de pandémie (avec par exemple la mise au point de vaccins), mais aussi favoriser la collaboration entre la recherche en santé humaine et celle en santé animale. ●

GÉOGRAPHIE DES RISQUES

Changement climatique et zoonoses

Comment le changement climatique impacte-t-il les agents pathogènes ? De nombreux vecteurs sont particulièrement sensibles aux conditions climatiques, comme les tiques, dont la période d'activité s'allonge par endroits du fait de températures plus clémentes. Les moustiques eux colonisent de nouveaux territoires devenus plus accueillants. Selon une récente étude[1], la limite sud de l'aire de répartition des moustiques vecteurs du paludisme en Afrique subsaharienne progresserait de 5 km par an. Mais d'autres facteurs entrent en jeu. Ainsi, les transports ont favorisé la progression du moustique tigre, qui véhicule du chikungunya, de la dengue et du zika en France depuis 2010. Et si certaines régions deviennent plus propices à certains vecteurs, d'autres zones deviennent moins favorables. Ainsi, l'aire de répartition du paludisme en Afrique subsaharienne pourrait régresser dans le Sahel. Le changement climatique a donc bel et bien une influence sur l'évolution des maladies infectieuses, mais avec des effets variés.

1. Carlson C. J. et al. (2023). « Rapid range shifts in African Anopheles mosquitoes over the last century ». *Biol. Lett.*, 19 (2), 20220365.

ENJEU

L'environnement, le grand oublié

Souvent négligé dans les travaux se revendiquant de l'approche « une seule santé », l'environnement renferme pourtant des agents pathogènes transmissibles à l'être humain. Les bactéries causant la tuberculose, le tétanos ou la lèpre sont ainsi originaires du sol. *« Un tiers des agents infectieux humains sont présents dans le sol, l'eau ou les rhizomes »*, indique Jean-François Guégan, qui travaille sur la mycobactérie responsable de l'ulcère de Buruli. On a longtemps supposé que cette bactérie causant de graves lésions dermatologiques était transmise par des insectes. *« On pense en réalité qu'elle vit dans le système racinaire de certaines plantes et se retrouve dans l'eau lorsque le sol est lessivé, comme après une déforestation »*, explique-t-il. C'est le cas de bien d'autres agents pathogènes d'origine végétale.

DE LA THÉORIE À LA PRATIQUE

Si les idées qui sous-tendent le concept « une seule santé » commencent à faire leur chemin dans le domaine de la recherche, leur mise en application concrète est plus complexe, entre difficultés à faire travailler ensemble tous les acteurs concernés et besoin d'investissements publics de long terme. S'engager.

Global Health, Planetary Health, EcoHealth... De nombreux concepts gravitent autour d'une vision plus large de la santé, certains depuis plusieurs décennies. Il faudra attendre fin 2021 pour que le groupe d'experts OHHLEP, mandaté par quatre grandes organisations des Nations unies, propose une définition claire du concept « une seule santé » (voir encadré p. 61). De quoi donner à ce concept une place centrale dans les politiques de santé publique.

Le Covid-19 comme catalyseur

Cette volonté d'offrir un cadre et une légitimité au principe « une seule santé » de la part des plus hautes instances sanitaires mondiales est évidemment liée à la crise du Covid-19, même si l'origine de la pandémie – et donc ses liens avec la santé animale et environnementale – reste incertaine. *« La crise Covid a cristallisé ce que l'on redoutait depuis longtemps. Tout à coup, le monde entier a pris conscience de la fragilité de nos systèmes, de tout ce qu'une maladie infectieuse pouvait provoquer bien au-delà du domaine de la santé »*, estime Christine Citti. Cette directrice de recherche est « point focal scientifique » pour INRAE au sein de l'initiative internationale PREZODE, lancée elle aussi dans le sillage de la crise sanitaire pour promouvoir le principe « une seule santé » (voir p. 52). *« Tout l'enjeu de ce type d'initiative est de réunir des gens qui ne travaillent pas forcément ensemble. La problématique « une seule santé » est tellement large et complexe qu'il faut obligatoirement faire de l'interdisciplinarité et même de la transdisciplinarité, et ce au niveau mondial. Il s'agit d'associer des vétérinaires, des médecins et des écologues, mais aussi des économistes, des industriels, des sociologues et les acteurs de la santé publique... »*

Un défi complexe à relever

L'interdisciplinarité ne coule pourtant pas de source, chaque spécialité ayant tendance à parler son propre langage et rester dans sa sphère, quitte à passer à côté d'implications importantes au-delà de son domaine. *« Une grande partie de la recherche sur les maladies infectieuses se fait au laboratoire, dé-*

OHHLEP
One Health
High-Level Expert
Panel

26
experts internationaux
mandatés par
4 organisations OMS, FAO, PNUE et OMSA

Son objectif = apporter une vision scientifique et politique, pour relever les défis à l'interface entre animaux, humains et environnement grâce à l'approche « une seule santé »

tachée du terrain, avec des chercheurs qui ont du mal à voir au-delà de leur laboratoire », juge Jean-François Guégan, l'un des spécialistes français de la question. Travaillant notamment sur les mycobactéries, ce directeur de recherche INRAE détaché de l'IRD a aussi pu constater l'hégémonie de certains domaines de recherche. « *Sur 37 000 publications traitant des mycobactéries responsables de la tuberculose, moins de 900 portent sur des problématiques plus larges, évolutives ou écologiques par exemple, que le seul domaine médical. Difficile dans ce cas d'avoir une vision globale de la question. Le concept est pertinent, mais dans les faits l'intégration ne se fait pas.* »

Impliquer un maximum d'acteurs

D'autres spécialistes se veulent plus optimistes, à l'instar de Nathalie Charbonnel, en charge de l'axe zoonoses du Centre de biologie pour la gestion des populations (CBGP), à Montpellier. « *Cela reste un concept assez récent, qui demande du temps pour que tout le monde se l'approprie, mais j'observe en tout cas une réelle volonté de le mettre en œuvre, surtout depuis la crise du Covid-19* », explique la directrice de recherche INRAE. Dans les faits, cela se traduit au CBGP par une volonté d'impliquer un maximum d'acteurs de divers horizons aux différents projets menés, que ceux-ci soient nationaux, européens ou internationaux.

Les partenaires du projet SCARIA (2021-2023) par exemple, qui vise à développer des stratégies locales de lutte contre les rongeurs, réservoirs de maladies telles que peste, typhus, hantavirus, et surtout leptospirose, dans des bidonvilles de quatre pays africains (Éthiopie, Bénin, Niger et Madagascar), ont travaillé main dans la main avec des partenaires locaux : ministères, hôpitaux, ONG, universités, associations... « *La première étape consistait à recueillir un maximum d'informations sur la présence des rongeurs, leurs agents pathogènes, le contexte socio-écologique mais aussi sur les problèmes perçus et les solutions déjà mises en place par les habitants* », détaille Gauthier Dobigny, chargé de recherche à l'IRD et coordinateur du projet. « *L'idée ensuite était de partir des connaissances et problématiques locales pour co-construire des stratégies de lutte s'appuyant sur les communautés concernées.* » Une approche déjà expérimentée avec succès par le passé dans des agrosystèmes notamment en Asie, mais très rarement dans un contexte urbain comme ici.

→

DÉFINITION

Une seule santé

Mandaté par quatre organisations des Nations unies en 2021, le groupe d'experts de haut niveau pour l'approche « une seule santé » (OHHLEP) définit ainsi l'approche « One Health » : « Le principe "une seule santé" consiste en une approche intégrée et unificatrice qui vise à équilibrer et à optimiser durablement la santé des personnes, des animaux et des écosystèmes. Il reconnaît que la santé des humains, des animaux domestiques et sauvages, des plantes et de l'environnement en général (y compris des écosystèmes) est étroitement liée et interdépendante. »

SANITAIRE

Des expérimentations sous haute surveillance

La recherche sur les agents pathogènes est strictement encadrée pour assurer la sécurité des chercheurs, de leurs collègues, de la communauté et de l'environnement général. Selon la réglementation, des mesures de confinement sont exigées pour éviter toute contamination ou dissémination de matériel biologique. Elles s'appliquent à trois niveaux : les installations du laboratoire, les pratiques (gestion des déchets, transports sécurisés, formation du personnel, suivi médical, etc.) et les équipements de protection, individuels et collectifs, comme les postes de sécurité microbiologique (PSM). Elles sont définies au cas par cas à partir de l'évaluation des risques. Cette évaluation s'appuie sur les conditions d'exposition des chercheurs au cours de leurs manipulations et la classification des agents pathogènes. En parallèle, des mesures de sûreté biologique sont prises pour prévenir toute action malveillante et à risque dans ces laboratoires.

PREZODE, une mobilisation internationale contre les zoonoses

Entretien avec Christine Citti, directrice de recherche à l'UMR Interactions hôtes-agents pathogènes

Christine Citti est « point focal scientifique pour INRAE » de l'initiative internationale PREZODE, qui s'appuie sur le concept « une seule santé » afin de prévenir l'émergence de maladies infectieuses zoonotiques. Nous l'avons interrogée sur la raison d'être, les objectifs et les premières actions de cette initiative.

Comment est née l'initiative internationale PREZODE ?

Ce sont 3 structures françaises, le Cirad, INRAE et l'IRD, qui ont porté ce projet auprès des ministères, jusqu'à ce qu'il soit officialisé par le président de la République en janvier 2021 lors du One Planet Summit sur la biodiversité. L'initiative a d'abord lancé une grande consultation mondiale dans 128 pays, sous forme d'ateliers ouverts à de nombreux profils (ONG, chercheurs, industriels, gestionnaires...). Les besoins identifiés au cours de ces ateliers collaboratifs ont permis de formuler un agenda stratégique et une feuille de route scientifique et opérationnelle pour la prévention de l'émergence des zoonoses.

En 2023, cet agenda stratégique a été voté par les membres de PREZODE, soit plus de 210 partenaires internationaux et les gouvernements de 25 pays. Puis, l'initiative s'est dotée d'une gouvernance internationale remplaçant le secrétariat initial. Les premières années de PREZODE ont donc surtout permis de définir l'identité de la structure, ses objectifs et son mode de fonctionnement, ainsi que de lancer de premiers projets pilotes en Asie et en Afrique. Nous espérons que l'initiative va véritablement décoller en 2024 !

Quels sont ses objectifs ?

Le but est de réunir les différents professionnels du domaine au sein d'un réseau international multidisciplinaire pour faciliter les collaborations et la dynamique multi-acteur autour d'un objectif commun : prévenir les prochaines pandémies.

Un autre enjeu est le partage de données. Pour surveiller et prévenir les maladies émergentes, il faut acquérir un grand nombre de données, parfois en temps réel, comme on l'a vu avec la crise Covid. PREZODE souhaite contribuer de façon significative à l'effort en matière de production, d'utilisation et de partage des données. Enfin, nous ambitionnons de devenir un centre de ressources et de référence pour les décideurs. Nous vivons dans un monde qui nécessite des indicateurs, surtout lorsqu'on travaille sur la prévention. Par définition, si ce travail est bien fait, rien ne se passe ! D'où l'importance d'avoir des indicateurs des risques d'émergence afin d'évaluer l'efficacité des stratégies mises en place.

Où en est l'initiative ?

Deux programmes labellisés par l'initiative ont déjà été lancés : le programme international Preacts (PREZODE in Action in the global South) et le programme national PREZODE copiloté par le Cirad, INRAE et l'IRD et dont je suis une des directrices scientifiques. Ce programme de recherche est financé à hauteur de 30 millions d'euros dans le cadre du plan d'investissement France 2030. Son but est de mobiliser les chercheurs français autour de projets de recherche allant dans le sens des priorités définies par l'initiative internationale.

« Le concept “une seule santé” est tellement large et complexe qu'il faut obligatoirement faire de l'interdisciplinarité et même de la transdisciplinarité, et ce au niveau mondial. » Christine Citti

La nécessaire prise en compte du contexte local

À l'instar de SCARIA, de plus en plus de projets comprennent l'importance d'intégrer contexte local et facteurs humains, en mobilisant les sciences humaines et sociales. Le Covid-19 a démontré que des comportements ou des mesures sociales – le confinement, l'acceptation du masque ou encore le rapport à la vaccination – avaient parfois plus de poids sur l'évolution d'une épidémie que les caractéristiques biologiques d'un agent pathogène.

En Corse par exemple, le programme inter-départements INRAE-Cirad « Ambition Corse » (2017-2024) met en place des recherches réellement interdisciplinaires, intégrant pleinement les acteurs locaux et les spécificités de ce territoire. *« Quand la peste porcine africaine est introduite en Belgique en 2018, le ministère français a imposé que tous les élevages de plein air mettent en place des doubles barrières pour limiter les contacts avec la faune sauvage »*, prend pour exemple François Charrier, coordinateur de l'axe santé du programme. *« Ce n'était ni pertinent, ni même applicable en Corse en raison du système d'élevage extensif. Nous avons alors conduit une démarche de recherche-intervention pour un plan régional de gestion avec les éleveurs et les acteurs de la gouvernance sanitaire, adaptée au territoire. »* Ce programme Ambition Corse s'est aussi penché sur la circulation du virus de l'hépatite E, dont le flux répond au modèle « une seule santé » : le virus peut circuler dans l'environnement (rivières, eaux usées...), chez les porcs sauvages et domestiques, dans certains produits alimentaires qui en découlent... *« Nous avons particulièrement étudié ces flux en Corse, qui se sont avérés très complexes et avons observé que les pratiques locales de production fermière apparaissent moins à risque que les pratiques de production industrielle du point de vue de la diffusion du virus dans la chaîne alimentaire »*, résume François Charrier. *« L'approche “une seule santé” permet de révéler toute cette complexité, ce que j'appelle un socio-pathosystème. »*

Choisir la prévention

Quel que soit le domaine, tous ceux qui confrontent leurs recherches à l'épreuve du terrain et des gestions politiques semblent relever le même écueil : les pouvoirs publics ont tendance à agir en réaction plutôt qu'en prévention. *« C'est compliqué de demander aux gouvernements, aux institutions, de financer quelque chose qui n'est pas encore là mais risque d'arriver »*, constate Christine Citti. *« Le Covid a pourtant montré qu'il ne fallait pas attendre d'avoir le feu à la forêt pour réagir, qu'il aurait été bien* →

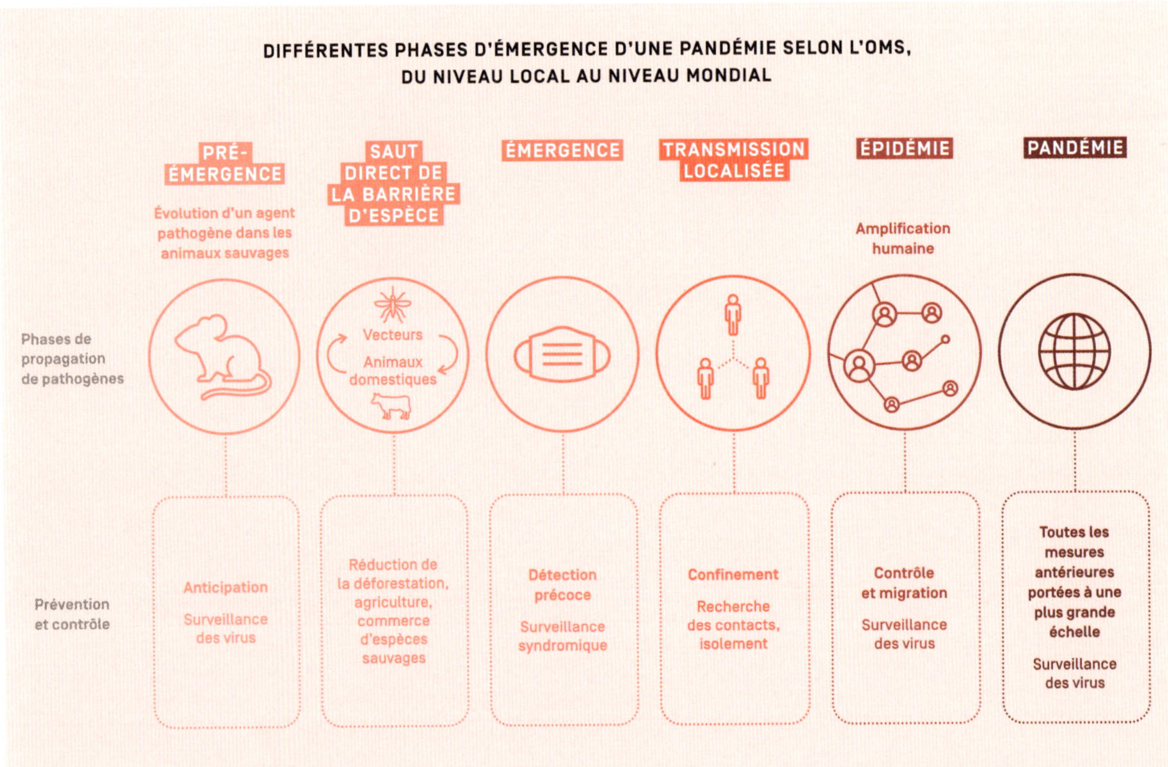

Sources : Bernstein A. S. et al. (2022). The costs and benefits of primary prevention of zoonotic pandemics. *Sci Adv.*, 8(5) : eabl4183.

plus pertinent d'agir en amont. Et moins coûteux, économiquement comme en vies humaines ! » En France en 2020, moins de 1 % des dépenses nationales des Agences régionales de santé étaient affectées à la prévention – principalement sur les addictions. Encore aujourd'hui, l'essentiel des fonds alloués à la recherche et à la gestion des maladies infectieuses émergentes dans le monde est ciblé sur le développement de médicaments, de thérapies ou de vaccins.

Un choix gagnant, la preuve par les chiffres

En 2022, une vaste étude réunissant une vingtaine d'experts internationaux[1] parue dans la revue *Science Advances* s'est attelée à calculer le coût d'un plan théorique mondial de prévention des pandémies liées aux maladies zoonotiques émergentes. Entre la lutte contre la déforestation, l'amélioration de la santé des élevages, la recherche fondamentale sur les virus, les plateformes d'épidémiosurveillance, l'encadrement des marchés d'animaux vivants, les auteurs arrivent à un coût total de 20 milliards de dollars. Soit 10 fois moins que les pertes économiques annuelles dues aux zoonoses. Pour comparaison, le seul Covid-19, dont on ne connaît pas la cause, aurait causé une perte de production cumulée de plus de 13 000 milliards de dollars.

De plus, les auteurs de cette étude rappellent que les actions en réponse à une pandémie, comme une campagne de vaccination, n'ont d'effet que sur une seule maladie, quand les actions de prévention protègent d'une multitude d'agents pathogènes. Sans compter les effets secondaires positifs de cette prévention : protection de la biodiversité, bien-être animal ou encore limitation des émissions de CO_2 à travers la préservation des forêts. Un changement de paradigme hautement souhaitable donc, mais qui nécessitera des modifications profondes de nos sociétés, à tous les niveaux. Et en premier lieu, accepter que la santé humaine doit se concevoir en intégrant aussi les questions animale et environnementale. ●

1. Bernstein A. S. et al. (2022). « The costs and benefits of primary prevention of zoonotic pandemics ». *Sci Adv.*, 8(5) : eabl4183.

ÉPIDÉMIO-SURVEILLANCE
Un dispositif national

En 2010, le ministère de l'Agriculture lançait les états généraux du sanitaire. De cette réflexion naîtra une idée : créer une plateforme française de surveillance épidémiologique, chargée de suivre et d'alerter sur tout nouveau danger pour la santé végétale ou animale.

Ce sera chose faite un an plus tard avec la création de la plateforme d'épidémiosurveillance en santé animale (ESA), réunissant des dizaines d'acteurs publics et privés. En 2018, deux autres plateformes fonctionnant en synergie avec la première sont créées : la plateforme d'épidémiosurveillance en santé végétale (ESV), qui se penche sur la santé des végétaux et de l'environnement en lien avec les pratiques agricoles, et la plateforme de surveillance de la chaîne alimentaire (SCA) qui surveille les risques liés à la consommation de denrées alimentaires.

Aux côtés de l'Anses[1] et de la DGAL[2], INRAE a pris une place importante dans la coordination et la mise en œuvre opérationnelle de ces trois plateformes. De nombreux chercheurs participent également à la vie des plateformes en intégrant des groupes de travail ou en montant des projets de recherche spécifiques.

Une collaboration à double sens puisque les chercheurs qui améliorent ces outils peuvent aussi en utiliser les données pour alimenter leurs travaux de recherche.

Lucie Michel, pilote de l'équipe opérationnelle INRAE de la plateforme ESV, souligne le nombre de personnes investies dans son fonctionnement, avec 7 spécialistes de l'épidémiosurveillance végétale à la mise en œuvre et plus de 30 professionnels impliqués.

La plateforme produit des outils, comme des cartes de risques climatiques, et déploie de nouvelles méthodes pour surveiller les potentiels pathogènes et appuyer les politiques publiques. Ainsi, pour les chenilles processionnaires du pin, ils ont pu mettre en place une surveillance efficace tout en réduisant les sites observés.

1. Anses : Agence nationale de sécurité sanitaire de l'alimentation
2. DGAL : Direction générale à l'alimentation au ministère

LES TIQUES UN CAS D'ÉCOLE

Les zoonoses ne naissent pas qu'au milieu des forêts tropicales. En impactant santé humaine, écosystèmes, animaux sauvages et domestiques, les maladies transmises par les tiques offrent une parfaite illustration « made in France » du concept « une seule santé ». Exemple.

Étudier une maladie transmise par les tiques se présente comme un défi d'une rare complexité, mobilisant des connaissances particulièrement variées. Cela nécessite non seulement de comprendre l'impact sur la santé – humaine et animale – de l'agent pathogène à l'origine de la maladie, mais aussi de décrypter ses liens avec son vecteur, la tique : quelle espèce peut être infectée, quelles compétence et capacité de transmission... La présence et l'activité des tiques varient selon de nombreux facteurs : les conditions météorologiques, l'évolution du climat sur le long terme, la végétation environnante, le nombre et la diversité des espèces-hôtes dont elles dépendent pour se nourrir... Ces espèces – chevreuils, rats, oiseaux, bétail... – ont de surcroît chacune un impact différent sur les tiques et leurs agents pathogènes, permettant leur maintien, leur transmission, leur dispersion dans l'environnement ou encore leur multiplication. La compréhension du risque « tiques » doit donc réunir inévitablement microbiologistes, écologues, médecins, vétérinaires, entomologistes...

LES TIQUES EN CHIFFRES

> 900 espèces recensées dans le monde

≈ 40 espèces recensées en France

Parmi la quarantaine d'espèces de tiques présentes en Europe, l'une d'elles concentre toutes les attentions : *Ixodes ricinus*. Celle-ci peut transmettre plusieurs agents pathogènes dangereux pour le bétail et les animaux domestiques – causant par exemple la piroplasmose et l'anaplasmose bovine –, mais aussi la borréliose de Lyme chez l'être humain et certaines espèces animales. Aussi appelée maladie de Lyme, la borréliose de Lyme fait partie des maladies à tiques les plus surveillées en France, du fait du nombre de cas en augmentation et des troubles importants (articulaires, neurologiques ou cardiaques) pouvant survenir lorsqu'elle n'est pas traitée à temps. Contrairement à d'autres tiques, *Ixodes ricinus* s'avère très généraliste, s'accrochant à des espèces-hôtes des plus diverses.

Propagation par les airs et la terre

Les oiseaux par exemple jouent un rôle important dans la dissémination à grande distance des tiques et la colonisation de nouveaux territoires. Les

petits rongeurs constituent eux un excellent réservoir pour les bactéries *Borrelia*, augmentant le pourcentage de tiques susceptibles de propager la borréliose de Lyme. À l'inverse, les cervidés ne permettent pas une multiplication efficace des *Borrelia*, mais jouent un rôle important dans le cycle de vie des tiques et leur reproduction. Or, toutes ces espèces hôtes, auxquelles doivent être ajoutés les animaux d'élevage en plein air, voient leur nombre et diversité grandement varier d'un milieu à l'autre.
« *La grande majorité des études sur les maladies à tiques se concentrent sur un seul type de biotope, une forêt ou un champ, et non sur un paysage complexe. Pourtant, une grande partie de notre territoire est bel et bien composée d'une mosaïque de milieux, avec des prairies, des bosquets, des haies...* », soulève Olivier Plantard. À Nantes, ce directeur de recherche INRAE incontournable sur le sujet – il coanime le groupe de recherche « Tiques et maladies à tiques » qui réunit la quasi-totalité des spécialistes français – a coordonné le projet ANR OSCAR[1] entre 2012 et 2016.

L'importance du paysage et de la faune

L'objectif du projet OSCAR est d'étudier la répartition des tiques, de leurs hôtes et de leurs agents pathogènes en fonction de la composition du paysage. Quelque 900 sites de bocage ont ainsi été passés au peigne fin, avec une analyse des tiques présentes dans l'environnement et sur les petits mammifères hôtes capturés pour l'occasion.
« *Nous avons observé une très grande hétérogénéité du risque tiques en fonction du paysage, avec de fortes variations parfois à 10 mètres de distance* », raconte Olivier Plantard. « *Nous finalisons maintenant un outil de simulation cartographique : en faisant varier des caractéristiques du paysage, en ajoutant ou en enlevant des haies par exemple, le logiciel émet une nouvelle carte de risque.* » Un outil précieux pour évaluer l'impact de changements dans l'utilisation du territoire.
La phase de terrain de ce projet a en partie eu lieu près de Toulouse, sur les terres de l'unité de recherche Comportement et écologie de la faune sauvage (CEFS). Cette unité a en effet choisi comme modèle d'étude une espèce clef pour les tiques : le chevreuil, avec des individus suivis de près en enclos et plus de 600 chevreuils en milieu naturel équipés de collier GPS. « *Ces animaux* →

PROJET CITIQUE

Des citoyens et des tiques

Les tiques peuvent s'étudier au laboratoire... ou en mobilisant un réseau de citoyens ! C'est l'option choisie par le programme de recherche participative CiTIQUE, coordonné par INRAE. Via l'application gratuite Signalement Tique, chaque citoyen peut signaler une tique trouvée sur lui-même ou son animal de compagnie. Après avoir renseigné sur l'application des informations sur la localisation de la piqûre, la date ou encore le lieu présumé, le projet invite les citoyens à envoyer la tique par courrier aux chercheurs. Depuis 2017, le programme a permis de recenser plus de 80 000 piqûres dans toute la France et d'obtenir des dizaines de milliers de tiques à analyser. Une mine d'informations. Par exemple, un tiers des piqûres ont eu lieu dans un endroit familier (jardin, résidence, parc urbain...). 30 % des tiques analysées étaient porteuses d'au moins un agent pathogène... Depuis 2023, la plateforme CiTIQUE-TRACKER permet de consulter les données et statistiques obtenues. Une façon d'impliquer les citoyens dans la collecte des données, et le développement des connaissances.

PIQÛRES DE TIQUE : COMBIEN ? QUI ? OÙ ?

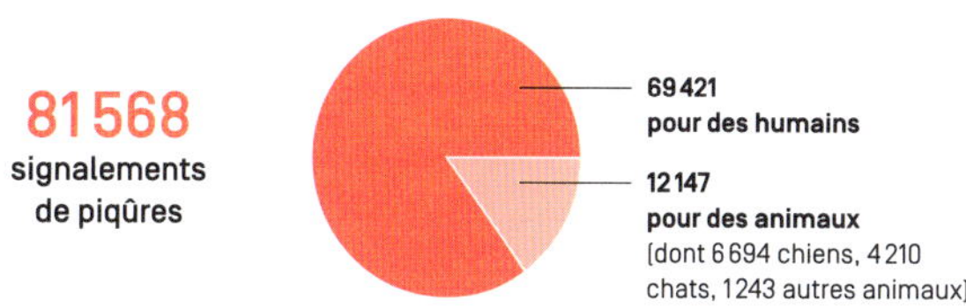

Sources : Données collectées grâce à l'application Signalement Tique entre 2017 et 2023.

Âge au moment de la piqûre (en année)

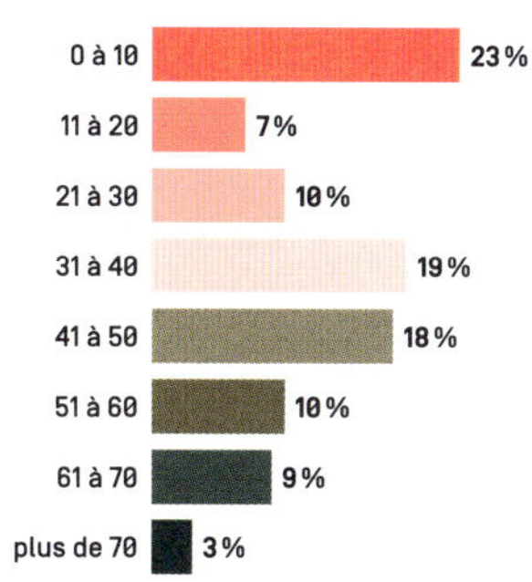

Environnement au moment de la piqûre

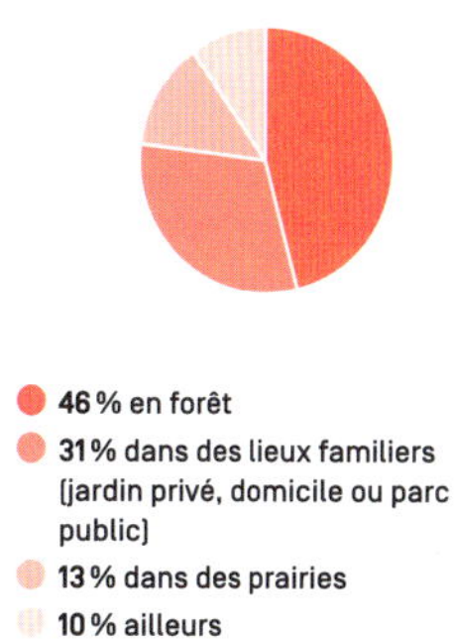

Le cycle de vie de la tique *Ixodes ricinus*

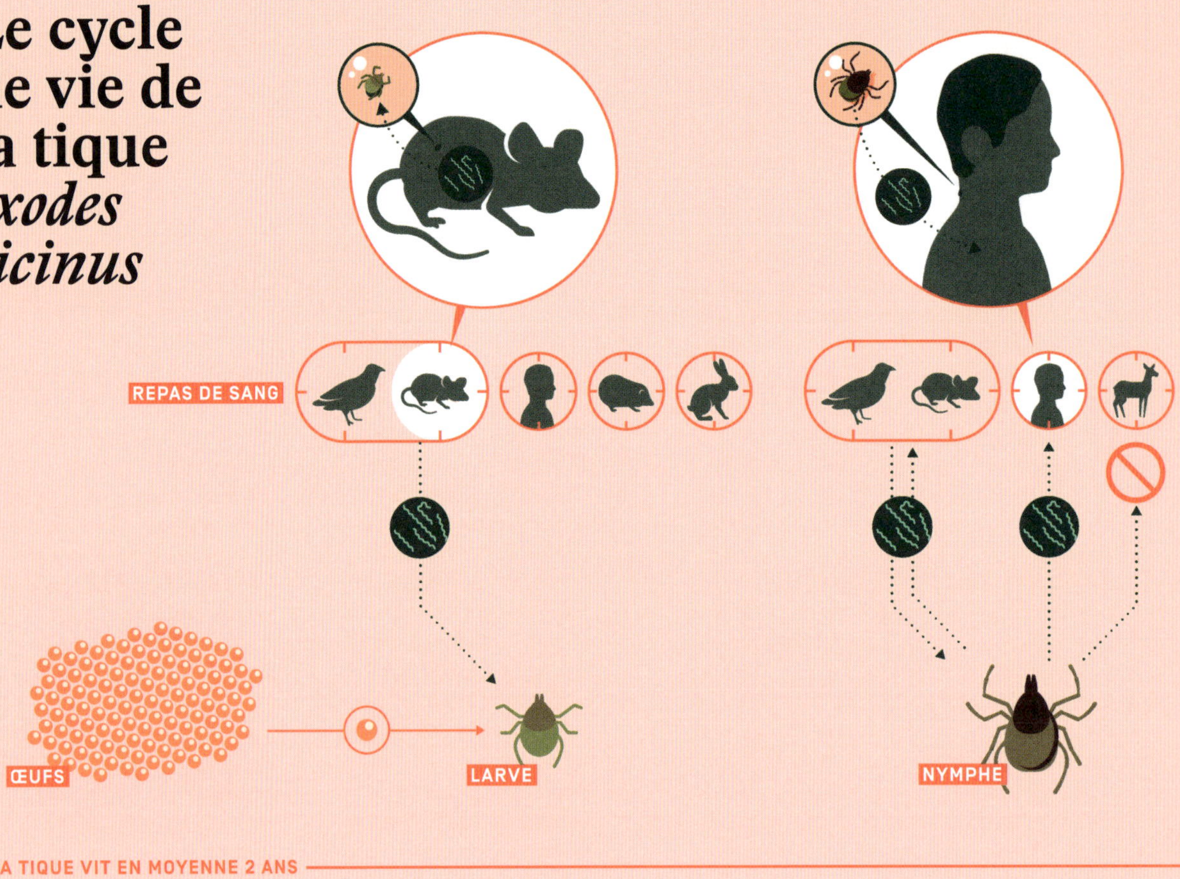

constituent un important réservoir de tiques et peuvent entrer en contact avec les élevages ou d'autres activités humaines », décrit Vincent Bourret, chercheur INRAE au CEFS. « *Cependant, des études in vitro ont montré que le sérum dans le sang des chevreuils peut inactiver les bactéries du genre* Borrelia. *Nous cherchons à savoir si une telle inactivation pourrait avoir lieu dans la tique, qui serait ainsi "nettoyée" par son passage sur le chevreuil.* » Les équipes du CEFS creusent ainsi bon nombre de questions autour des ongulés sauvages et des agents pathogènes qu'ils véhiculent. Un postdoctorat financé par INRAE vient par exemple de débuter autour de l'impact des agents pathogènes sur le comportement et les déplacements de leurs hôtes, dont les tiques, susceptibles de modifier la dynamique des maladies associées.

1er
vecteur d'agents pathogènes chez l'animal dans le monde

2e
vecteur d'agents pathogènes chez l'être humain (après le moustique)

La prise en compte du facteur climat

L'unité Épidémiologie des maladies animales et zoonotiques (EPIA), unité mixte de recherche INRAE/VetAgro Sup installée à Clermont-Ferrand et en banlieue lyonnaise, s'intéresse quant à elle depuis 10 ans à un autre facteur impactant de manière plus globale les tiques et leurs agents pathogènes : le climat. « *Les tiques sont très sensibles aux conditions de leur environnement : la température, l'humidité, la végétation...* », liste Karine Chalvet-Monfray, la directrice adjointe de l'UMR EPIA. En 2014, l'unité a mis en place un réseau d'observatoires dédié aux maladies à tiques à travers toute la France. « *En collectant des tiques et en analysant leurs agents pathogènes, tout cela selon le même protocole et précisément aux mêmes endroits depuis dix ans, nous pouvons voir les conditions qui favorisent l'activité des tiques et ainsi développer des modèles dynamiques de prévision du risque "tiques".* » Grâce à ces données, INRAE s'est associé au géant pharmaceutique Boehringer Ingelheim pour développer une plateforme, Flea-Tick-Risk, offrant au grand public des cartes de prévision du risque tiques mises à jour chaque semaine en fonction des conditions météorologiques.
En 2018, ce projet initialement appelé CC-EID est devenu CLIMATICK. Financé par les métaprogrammes mis en place par INRAE dédiés aux conséquences du dérèglement climatique, il propose désormais des prédictions sur le long terme en fonction de différents scénarios climatiques futurs. « *La situation en France est très complexe à*

contamination

résistance à la bactérie

La tique *Ixodes ricinus* passe par trois stades – larve, nymphe et adulte – pour réaliser son cycle, qui dure 2 ans en moyenne en France. À chaque phase, elle se nourrit de sang sur un hôte différent qui peut constituer un réservoir d'agents pathogènes, ce qui est susceptible d'entraîner la transmission de maladies, notamment la maladie de Lyme.

C'est en piquant un animal porteur de la bactérie Borrelia responsable de la maladie de Lyme qu'une tique peut ingérer cette bactérie et la transmettre ensuite à un autre individu hôte (animal ou homme) lors du repas de sang suivant. Ces agents pathogènes circulent entre les tiques et les animaux sauvages, les tiques agissant comme vecteurs.

Après son dernier repas, la femelle, gorgée de sang, pond plusieurs milliers d'œufs au sol qui, après éclosion, donneront des larves. L'activité des tiques est fortement influencée par les conditions météorologiques. Des pics d'activité sont observés très majoritairement au printemps, pouvant déborder sur l'hiver ou l'été selon le climat avec parfois un rebond à l'automne en France.

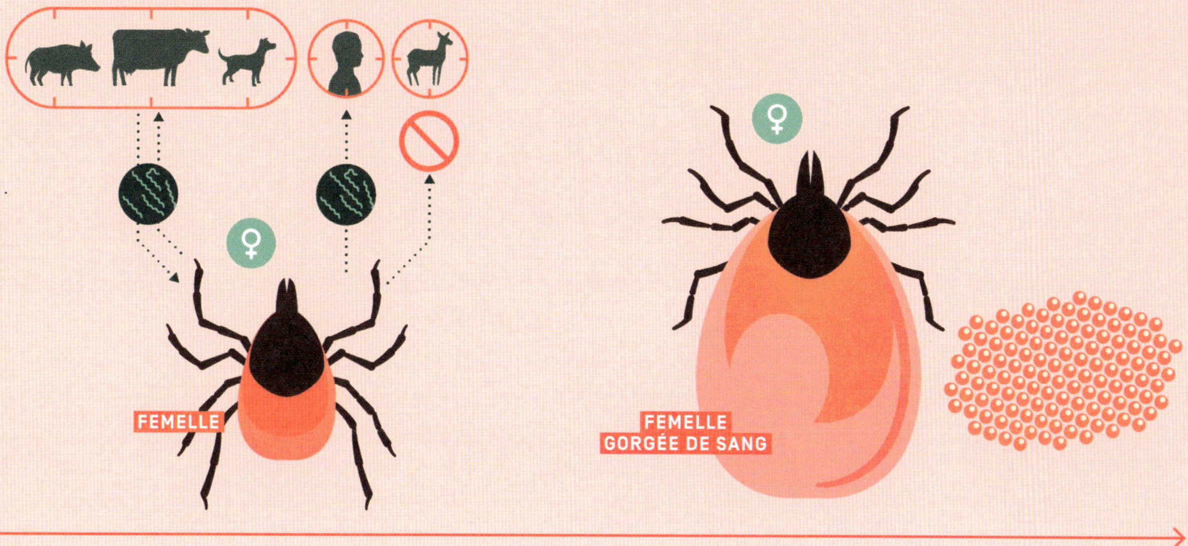

anticiper pour Ixodes ricinus, *avec d'importantes variations selon les régions* », reprend Karine Chalvet-Monfray. « *Le climat méditerranéen devrait en tout cas s'étendre, avec des conditions moins favorables l'été pour cette espèce, mais une activité accrue en hiver et au printemps pour les autres types de climats.* »

≈ 50 000 cas de borréliose de Lyme diagnostiqués chaque année en France

800 hospitalisations en France chaque année

Une nouvelle espèce inquiétante

En 2023, ce programme CLIMATICK a de nouveau évolué : nommé FuturaTick, il poursuivra le travail du réseau d'observatoires en intégrant de manière plus poussée le rôle des hôtes et s'intéressera à une espèce de tique supplémentaire, la *Hyalomma marginatum*.

À l'instar de FuturaTick, plusieurs projets ne se focalisent plus uniquement sur *Ixodes ricinus*, mais s'intéressent désormais à cette espèce, qui inquiète de plus en plus les spécialistes. Car *Hyalomma marginatum* peut transmettre un virus responsable d'une maladie potentiellement grave, voire mortelle dans certains cas, la fièvre hémorragique de Crimée-Congo (FHCC). Originaire d'Afrique et d'Asie, cette tique profite du changement climatique pour s'installer au sud de l'Europe. *H. marginatum* est ainsi présente depuis 2015 en France continentale, et le virus FHCC a été détecté pour la première fois sur le territoire fin 2023.

Si la maladie de Lyme reste la plus médiatisée, elle ne représente donc que la partie émergée de l'iceberg en matière de maladies transmises par les tiques. Avec des dizaines d'agents pathogènes susceptibles d'impacter la santé humaine et animale, de nouveaux étant régulièrement décrits, il est plus que jamais crucial d'étudier en détail ces acariens et les liens complexes qu'ils tissent avec leur environnement. ●

1. Projet de recherche financé par l'Agence nationale de recherche (ANR) url.inrae.fr/4dUyaj4

LUTTER CONTRE L'ANTIBIO-RÉSISTANCE

Le concept « une seule santé » s'applique autant aux maladies infectieuses qu'à leurs remèdes. Lorsque les bactéries deviennent résistantes aux antibiotiques, cette capacité de résistance peut se propager sans barrières entre santé humaine, animale et environnementale.

Enjeux.

L'antibiorésistance, lorsque les bactéries deviennent insensibles aux substances censées les éradiquer, constitue une parfaite illustration de la sélection naturelle si chère à Darwin. Quand un antibiotique est appliqué sur une population bactérienne, inévitablement très diverse génétiquement, il se trouve bien souvent quelques bactéries naturellement armées pour déjouer l'attaque (par exemple en produisant une enzyme qui modifie, dégrade l'antibiotique ou qui présente des modifications de la cible de l'antibiotique). Ces bactéries résistantes, seules rescapées, deviendront alors la norme et transmettront les gènes responsables de cette résistance à leurs descendantes. Mais ces microorganismes ont un atout crucial supplémentaire : les plasmides, de petits fragments d'ADN circulaire totalement indépendants du reste du génome bactérien. Ces plasmides portant parfois un gène de résistance vont pouvoir être dupliqués et transmis aux bactéries voisines. Et ce, même si lesdites bactéries appartiennent à une autre souche, voire à une autre espèce.

IMPACT DES INFECTIONS BACTÉRIENNES RÉSISTANTES EN 2019

Monde
1,3 M
de décès

France
4 480
décès

103 000
cas d'infection

Des bactéries résistantes et sans frontières

Les exemples de transmissions d'une espèce à une autre sont nombreux. Les résistances acquises par les bactéries présentes dans les animaux d'élevage par exemple, peuvent se transmettre aux bactéries de notre microbiote intestinal. Chez les éleveurs au contact de leurs bêtes bien sûr, mais aussi par la manipulation et la consommation de produits animaux (viande, lait, œufs...). Des études ont également montré qu'au sein d'un même foyer, les bactéries des animaux de compagnie et de leurs propriétaires pouvaient partager les mêmes gènes de résistance.

Le compartiment « environnement » du triptyque « une seule santé » n'est pas non plus en reste. D'une part des résistances peuvent apparaître naturellement dans les bactéries du sol ou de l'eau, et potentiellement se transmettre à l'homme et l'animal. D'autre part, ces bactéries ou gènes résistants sont relâchés dans l'environnement, comme les antibiotiques, via les eaux usées pour l'homme ou l'épandage de lisier pour les animaux d'élevage. De 2017 à 2020, le projet MadSludge a ainsi passé en revue les meilleures méthodes pour limiter le transfert de résistances dans l'environnement via les rejets de stations d'épuration. *« Avec l'antibiorésistance, il est certain que les transferts sont multiples entre les trois compartiments – homme, animal, environnement –, les incertitudes aujourd'hui*

L'antibiorésistance, un phénomène naturel

Quand un antibiotique est appliqué sur une population bactérienne, certaines bactéries lui résistent naturellement. Ces bactéries rescapées transmettront ce gène de résistance à leurs descendantes. Mais plus grave : les plasmides [petits fragments d'ADN circulaire totalement indépendants du reste du génome bactérien] de ces microorganismes résistants peuvent être dupliqués et transmis aux bactéries voisines.

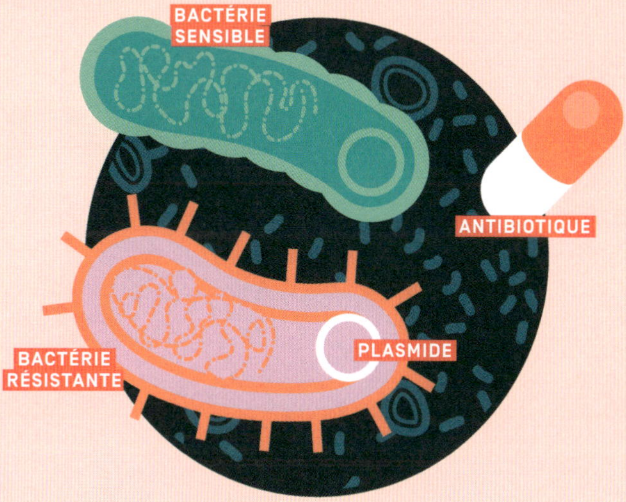

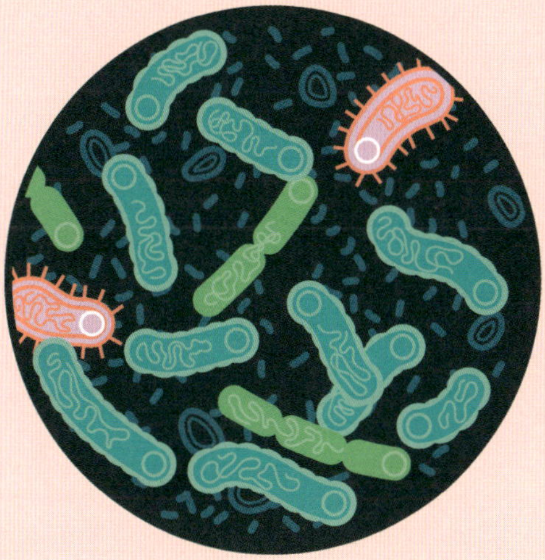

1

Population bactérienne diverse.

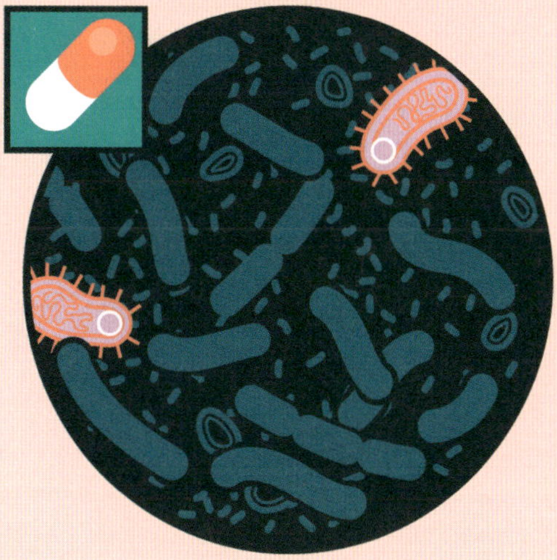

2

Exposées à un antibiotique, les bactéries meurent, sauf celles qui possèdent le gène de résistance.

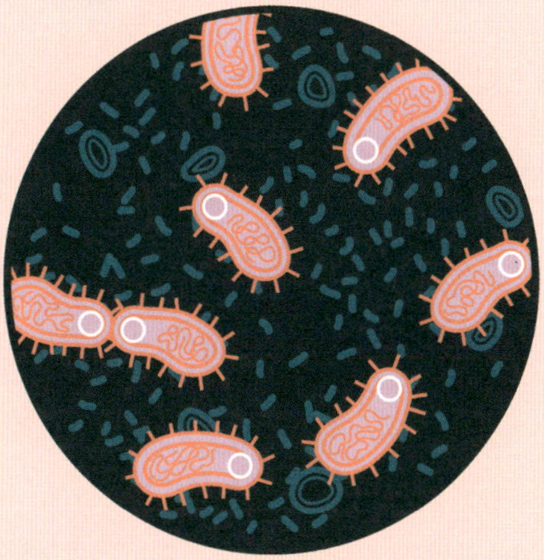

3

Les bactéries survivantes se multiplient et forment une population où toutes les bactéries possèdent ce gène de résistance.

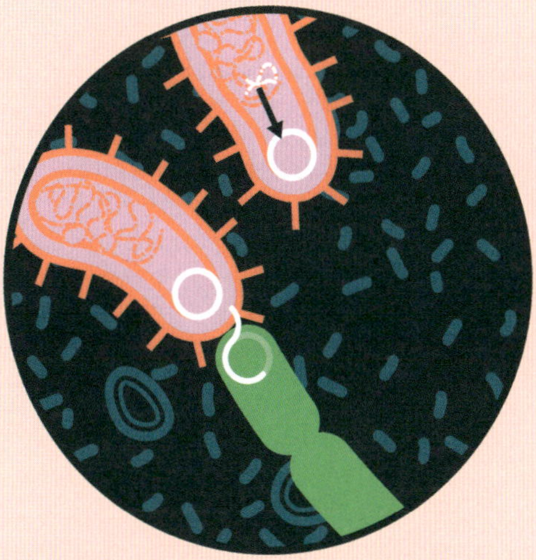

4

Les plasmides de ces bactéries résistantes peuvent se dupliquer et se transmettre aux bactéries voisines, quelle que soit leur souche ou leur espèce.

ne concernent que la proportion de chaque compartiment », résume Alain Bousquet-Mélou, directeur de l'unité mixte INRAE/ENVT InTheRes, très impliquée dans ces recherches, y compris dans le projet MadSludge.

Une prise de conscience récente

Pendant des décennies, la montée de l'antibiorésistance n'a pas inquiété grand monde. Telle bactérie acquérait une résistance à la pénicilline ? Le médecin ou le vétérinaire se tournait vers une autre molécule... jusqu'à ce que la bactérie en question devienne résistante aux deux antibiotiques. Une prise de conscience mondiale apparaît à l'aube du XXIe siècle, lorsque la médecine se trouve de plus en plus fréquemment confrontée à des maladies multirésistantes, jusqu'à l'impasse thérapeutique (lorsque des bactéries s'avèrent résistantes à tous les antibiotiques connus). De quoi faire craindre à l'OMS « *une ère post-antibiotique dans laquelle des infections courantes et de petites blessures seront à nouveau mortelles* ». L'organisation mondiale présente désormais l'antibiorésistance comme « *l'une des plus graves menaces pesant sur la santé mondiale* [1] ».

PROJECTIONS DE L'IMPACT ANNUEL DES INFECTIONS BACTÉRIENNES RÉSISTANTES EN 2060 SI RIEN N'EST FAIT

Monde
10 M
de décès

Europe
1,5 Mds €
de coûts dont :

440 M €
en France

La baisse de l'usage est la solution

Pour enrayer sa progression, un seul mot d'ordre : limiter au maximum l'utilisation d'antibiotiques, et ce, dans tous les secteurs. Côté médecine humaine, les pouvoirs publics français lancent dès 2002 le slogan « les antibiotiques, c'est pas automatique ». D'autres campagnes s'adresseront par la suite aux médecins de ville, au personnel hospitalier, aux pharmaciens, etc. Côté santé animale, l'État français lance en 2012 le plan Écoantibio, qui vise une réduction de la consommation d'antibiotiques en élevage de 25 % en l'espace de 5 ans. Un succès, la baisse atteignant 37 % dans ce laps de temps.

Un an plus tard, INRAE lançait de son côté un Réseau recherche antibiotiques animal (ou R2A2) pour mettre en relation les acteurs impliqués et réfléchir ensemble à des stratégies de réduction. « *R2A2 a réuni jusqu'à 250 personnes, majoritairement d'INRAE mais pas uniquement. Nos réunions d'échanges attiraient aussi des vétérinaires, des instituts privés, des industriels, des enseignants techniques agricoles...* », raconte Christian Ducrot, directeur de recherche INRAE aux manettes de ce réseau. « *Cela a permis que des gens se rencontrent, réfléchissent à des solutions, puis montent des projets ensemble.* »

Parmi les nombreux projets nés du réseau R2A2, on peut citer ROADMAP, réunissant 17 partenaires et 10 pays entre 2019 et 2023 avec un budget de 6 millions d'euros. « *L'idée était d'analyser la situation de l'antibiorésistance et trouver des leviers de changement des pratiques dans un esprit très interdisciplinaire, avec de l'économie, de l'épidémiologie, des sciences participatives, le tout guidé par les sciences humaines et sociales* », raconte le porteur du projet, Nicolas Fortané.

Ce chercheur en sociologie à INRAE est également à l'origine d'AMAGRI, un projet de recherche devenu aujourd'hui un collectif qui tente de trouver les réponses à plusieurs questions sociologiques liées à l'antibiorésistance. « *Le problème est connu depuis longtemps, alors pourquoi a-t-on agi aussi tardivement ? Quels sont les enjeux qui conditionnent les changements de pratiques ? Quels sont les fondements économiques, professionnels et politiques de notre modèle de régulation des antibiotiques ?* ».

Les alternatives aux antibiotiques

Pour réduire concrètement l'utilisation d'antibiotiques en élevage, plusieurs stratégies sont étu-

diées. Tout d'abord, mieux comprendre certaines pathologies dans les élevages et développer d'autres traitements (vaccins, probiotiques, huiles essentielles...). *« En marge des stratégies de substitution, il y a aussi une grande marge d'amélioration de l'antibiothérapie : en associant plusieurs médicaments, en diminuant la durée de traitement ou encore en optimisant les modalités d'administration, on peut réduire les quantités d'antibiotiques utilisées et donc les risques de voir apparaître des résistances »*, détaille Alain Bousquet-Mélou. L'unité InTheRes qu'il dirige, créée en 2018, cherche également à développer des alternatives à la métaphylaxie. Autrement dit, le fait de traiter en masse tout un élevage dès l'apparition de quelques individus malades, une démarche préventive et curative de plus en plus questionnée. Pour cela, InTheRes développe des outils basés sur l'intelligence artificielle pour surveiller les animaux. Par exemple, des capteurs embarqués sur le bétail qui suivent en continu leurs déplacements, leur alimentation ou leurs comportements. Le but : repérer dès les premiers signes un animal malade pour le soigner avant qu'il ne contamine ses congénères. Une approche similaire est à l'essai dans les élevages de volaille, avec des caméras capables de suivre et d'identifier chaque animal présent à l'image, là aussi pour détecter précocement des animaux malades.
Alors que les plans Écoantibio 1 et 2 ont permis de diviser par deux l'exposition aux antibiotiques entre 2011 et 2022, le pari sera plus complexe pour le plan Écoantibio 3, lancé en 2024. *« Nous avons commencé par nous attaquer aux usages excessifs d'antibiotiques, facilement évitables. Pour poursuivre cette baisse, les actions à entreprendre sont maintenant bien plus complexes, avec des changements en profondeur »*, admet Christian Ducrot. Mais surtout, la démarche devra être globale : dans tous les secteurs – médecins et vétérinaires travaillant de concert – et dans tous les pays. Or, si l'Union européenne a interdit dès 2006 l'utilisation d'antibiotiques comme facteurs de croissance, Chine, Brésil ou encore États-Unis de les utiliser en masse à cet effet, contribuant à la progression de l'antibiorésistance dans le monde. ●

1. url.inrae.fr/4bucw3q

PRÉVENTION

Génétique et alimentation contre l'antibiorésistance

Lutter contre l'antibiorésistance dans l'élevage est un défi majeur pour préserver la santé animale et humaine. La baisse de l'usage des antibiotiques est donc essentielle. Edwige Quillet, cheffe du département Génétique animale (GA) d'INRAE, souligne aussi l'importance de la sélection génétique comme stratégie prometteuse : en choisissant des animaux plus résistants à certaines maladies, on réduit la nécessité d'utiliser des antibiotiques. Par exemple, chez les ruminants laitiers, la sélection pour la résistance aux mammites[1] permet d'améliorer leur longévité tout en diminuant le recours aux traitements antibiotiques. De même, chez les poissons, des travaux de sélection contre certaines bactérioses ont été entrepris, permettant une réduction de l'usage des antibiotiques dans les élevages aquacoles. Adopter une approche systématique, intégrant mesures curatives et préventives, est nécessaire pour combattre efficacement l'antibiorésistance. Les recherches explorent d'autres pistes comme des systèmes de pâturage qui mélangent bovins et petits ruminants. Ce qui permet aux bovins, moins sensibles, d'ingérer les larves parasitaires, contribuant ainsi à réduire la pression pathogène globale ou encore leur alimentation (voir le dossier Société p. 14).

1. Inflammations de la mamelle, provoquées essentiellement par des bactéries.

ÉVOLUTION DE LA CONSOMMATION D'ANTIBIOTIQUES PAR ESPÈCE D'ANIMAUX (ENTRE 2011 ET 2022)

Des réductions moins marquées chez les animaux de compagnie que chez les animaux d'élevage

De fortes baisses de l'exposition aux antibiotiques les plus critiques

-88 %	-95 %	-79 %
Fluoroquinolones	Céphalosporines de 3e et 4e générations	Colistine

Sources : d'après Anses-ANMV, 2022.

L'AGRICULTURE A-T-ELLE SA PLACE EN VILLE ?

Associer ville et agriculture est a priori contre-intuitif. Pourtant, l'agriculture urbaine connaît un essor depuis le siècle dernier, et plus récemment avec le développement de nouvelles technologies permettant de produire davantage sur de petites surfaces. Aujourd'hui, avec la compétition sur la disponibilité des terres, la densification des villes et le besoin croissant d'espaces, la place de l'agriculture en ville ou à proximité est questionnée. Son rôle social et environnemental pourrait bien la sauver.

L'agriculture urbaine sous toutes ses formes

Petits, moyens ou grands espaces, au sol, sur les toits ou les façades, pour nourrir, créer du lien social ou verdir la ville : l'agriculture urbaine revêt une multitude de formes et s'étend sur toutes les surfaces disponibles de la ville et à proximité.

1 Les microfermes urbaines : elles combinent production alimentaire et activités de loisirs, pédagogiques ou à vocation sociale. Souvent de forme associative, elles s'appuient en partie sur le bénévolat.

3 Les jardins collectifs ou privés : le jardinage privé permet de produire pour sa propre consommation. Le jardinage collectif (jardins familiaux et partagés) intègre pour sa part une dimension sociale et pédagogique.

❷ Les fermes péri-urbaines : elles se situent à l'extérieur de la ville et peuvent l'alimenter, principalement en maraîchage et en produits de petits élevages (poulets, œufs, etc.). Les agriculteurs sont souvent des professionnels et la vente est majoritairement en circuit court.

❹ L'écopâturage : l'entretien des espaces verts est assuré par des animaux (ovins, caprins) et comprend une dimension d'animation locale.

❺ Les toits potagers : face au manque d'espace, les cultures se font sur les toits des bâtiments, dans des bacs, avec des technosols (sols reconstitués). Cette méthode participe à la régulation thermique des bâtiments et à l'absorption de l'eau de pluie.

❻ Fermes verticales et indoor farming : il s'agit de cultiver sur les murs, par exemple du houblon, ou dans une serre sur un toit. On parle d'indoor farming (cultiver en intérieur) lorsqu'il y a contrôle total de l'environnement de culture (hydro- ou aéroponie, contrôle de la lumière, de la température, de la teneur en CO_2, etc.).

❼ Aquaponie : couplage entre élevage de poissons et culture de plantes. Les déjections des poissons servent d'engrais pour la production de légumes ou de fruits réalisée dans la même exploitation.

DES AGRICULTURES PAS COMME LES AUTRES

Si l'on vous dit agriculture urbaine, vous imaginez peut-être des bacs sur les toits d'immeuble, quelques moutons au pied d'habitations et des petites fermes en périphérie de la ville... et vous n'auriez pas tort! L'agriculture urbaine, c'est un peu tout cela, mais pas seulement. État des lieux.

Potagers sur les toits, fermes verticales, aquaponie, écopâturage, microfermes, parcelles agricoles en ville, jardins partagés, jardins privés, ruches et poulaillers urbains, cultures dans des containers, des bâtiments ou des caves... sont autant de formes d'agricultures pour nourrir, créer du lien social, faire de la pédagogie et de la sensibilisation à l'environnement. Face à cette diversité de formes et d'enjeux, est-il possible de donner une définition précise de ce qu'est l'agriculture urbaine? Pas simple! Il existe de nombreuses définitions. Celle que nous retenons dans ce dossier réunit les agricultures qui, au-delà de leur localisation dans la ville ou dans sa périphérie, entretiennent des liens avec elle. L'activité agricole utilise alors les ressources de la ville - foncier, eau, sol, déchets, etc. - et lui rend de nombreux services. « *L'agriculture urbaine n'est pas un type d'agriculture, on y retrouve toutes les formes d'agriculture, mais elles diffèrent par les contraintes et les opportunités qu'offre leur localisation urbaine ou périurbaine* », explique Christophe Soulard, géographe et chef du département ACT[1] d'INRAE. « *Aussi, ce n'est pas qu'une question de proximité avec la ville. Par exemple, une exploitation céréalière près de Versailles dont la production est entièrement destinée au marché international ne sera pas considérée comme agriculture urbaine* », rajoute Christine Aubry, ingénieure de recherche retraitée INRAE et directrice de la chaire Agricultures urbaines de la Fondation AgroParisTech. Aussi, selon où l'on se situe dans le monde, les agricultures urbaines répondent à différents enjeux. Pour mieux les comprendre, revenons sur l'émergence de l'agriculture en ville.

POSTULAT
Il convient de dire « les » agricultures urbaines tant les pratiques et les enjeux qu'elles portent sont divers, que ce soit en France ou dans le monde.

L'agriculture urbaine n'est pas nouvelle

L'agriculture est née en même temps que les villes, puis s'est développée à distance en conservant toujours une proximité urbaine, notamment pour l'approvisionnement en produits frais, fruits et légumes notamment. La mondialisation et l'utilisation des transports longue distance ont réduit son importance, surtout dans les pays du Nord. Dans l'histoire récente, l'agriculture urbaine a connu un nouveau développement sous l'impulsion de trois moteurs. Le premier est la prise en compte des questions de santé liées à l'alimentation comme l'obésité ou la malnutrition, des maladies qui affectent fortement les populations les plus pauvres, une problématique particulièrement présente en Amérique du Nord. Se développent alors dans les années 1970, au Canada et aux États-Unis, des jardins communautaires qui sont des espaces dans la ville cultivés par les habitants pour se nourrir. Le deuxième moteur est d'assurer la sécurité alimentaire, en particulier dans des contextes de catastrophe ou de conflit. « *Là où on n'a pas pu apporter d'aide alimentaire, les populations se sont mises à cultiver et élever des animaux pour leur propre consommation. Se sont alors développés des programmes soutenus par les Nations unies au début des années 1980 pour développer des agricultures urbaines nourricières* », explique Christophe Soulard. On voit apparaître alors sous l'impulsion de la FAO, en Argentine, au Kenya ou encore aux Philippines, de nouvelles techniques agricoles urbaines, telles que la culture en pots qui est née dans les bidonvilles, pour cultiver des tomates ou de la menthe. Enfin, le troisième moteur, qui concerne plus particulièrement la France et l'Europe, est l'émergence de conflits d'aménagement. Si le retour de l'agriculture dans les villes s'est fait au moment de la révolution industrielle, au milieu du XIXe siècle en Europe et à la fin de ce même siècle en France, avec les jardins ouvriers (aujourd'hui jardins familiaux), accueillant une population ouvrière largement issue de l'exode rural, les enjeux se déplacent vers le périurbain dans les années 1960-1970. La création des villes nouvelles et l'expansion urbaine avivent les conflits fonciers avec la profession agricole qui se voit expropriée de ses terres au profit de l'urbanisation. La préservation du foncier pour l'agriculture périurbaine devient alors un enjeu de lutte dans les plans d'aménagement. À partir des années 2000, ces trois moteurs convergent autour de l'enjeu alimentaire qui monte en puissance avec l'essor des circuits courts, la reconnexion entre producteurs et consommateurs, la redécouverte des jardins urbains, familiaux et partagés, en France mais aussi partout dans le monde.

L'essor d'une agriculture urbaine technologique

Dans les années 2010 se développent des formes d'agriculture plus technologiques avec une promesse, celle de cultiver plus sur de toutes petites surfaces en ville. Apparaissent alors de nouvelles façons de produire : cultiver sans sol, dans des containers, dans des caves, des hangars, dans des →

TOWER FARM

La question du modèle économique

La ferme verticale Tower Farm, créée en 2018 en région parisienne, produisait à l'origine des légumes, mais leur faible prix de vente rendait le modèle économique non viable du fait, notamment, des coûts énergétiques de la production. Tower Farm décide en 2019, sur les conseils des scientifiques d'INRAE qui les accompagnaient dans ce projet, de cultiver des plantes médicinales et cosmétiques à forte valeur ajoutée et pour lesquelles les filières étaient en demande de produits de proximité et de qualité constante. Les conditions étant contrôlées, les plantes obtenues sont exemptes de contamination et sont régulières en qualité, des arguments de taille pour de tels produits. Une nouvelle étude menée par INRAE montre cependant que les émissions de CO_2 globales sur tout le cycle de production des plantes médicinales de Tower Farm restent plus élevées que lorsque l'on importe ces plantes tropicales. Cependant, la qualité des produits (frais versus séchés) ainsi qu'une production locale respectueuse des conditions de travail en font tout de même un modèle intéressant.

↓ Cultures agricoles verticales indoor sur tourelles rotatives d'une plante médicinale sur lesquelles Tower Farm et INRAE mènent des recherches. Ces systèmes sont contrôlés sur 60 paramètres pour une croissance optimale.

© Tower Farm

↑
Une agricultrice urbaine sur le toit de la ferme Suzanne à Paris, gérée par Cultures en Ville, en partenariat avec l'UMR Ecosys [AgroParisTech et INRAE].
©Chaire agricultures urbaines AgroParisTech – Gilles Arbwick

conditions entièrement maîtrisées (eau, minéraux, intensité et qualité de la lumière, contaminants). Utilisant peu d'eau et de produits phytosanitaires, ces formes se sont pendant un temps développées, encouragées par des investissements privés et publics. Cependant, les questions, pourtant centrales, de coûts économiques et environnementaux de ces nouvelles formes d'agriculture n'ont pas été sérieusement étudiées ni anticipées par les entrepreneurs en parallèle de leurs développements. *« On se rend compte aujourd'hui que les formes high-tech d'agriculture urbaine ont un rôle très faible à jouer sur le plan alimentaire, du fait d'un coût très important lié à l'investissement et au fonctionnement, mais aussi du fait d'un impact environnemental bien trop élevé lié à la fois à la construction des équipements que cela nécessite et à leur fonctionnement très énergivore »*, explique Christine Aubry.

Les fermes urbaines high-tech ont-elles un avenir ?

Oui, si elles trouvent un modèle économiquement viable, explique Agnès Lelièvre, enseignante-chercheuse à AgroParisTech : *« Aujourd'hui, les modèles qui fonctionnent sont ceux qui s'adressent à des marchés de niche ou permettent de produire dans des conditions climatiques très spécifiques. »* (Voir encadré p. 79.)

Produire dans un environnement contrôlé est également un argument sanitaire. C'est le cas au Japon, où, après l'accident de Fukushima, cultiver dans un espace confiné loin de toute source apparente de contamination avait alors un fort intérêt pour des consommateurs prêts à y mettre le prix. À Singapour, c'est la place qui manque. La ville est obligée d'importer 90 % de sa consommation alimentaire. Sky Greens, une ferme verticale créée en 2012, produit des légumes sur 120 tours de 9 mètres de hauteur, avec un rendement 10 fois supérieur à l'agriculture conventionnelle pour une même surface au sol. *« On peut supposer que ces modèles high-tech seraient intéressants dans d'autres conditions contraintes : dans des pays désertiques, dans les pays proches du cercle polaire... ou encore dans l'espace ! »* complète Agnès Lelièvre. Mais encore faudrait-il le démontrer ! L'agriculture urbaine est sans doute une importante source d'innovations. Elle a déjà permis de développer de nouvelles technologies, notamment des LED particulièrement efficaces pour la photosynthèse, et pourrait continuer, *« à condition d'en évaluer, par la recherche, les coûts économiques et environnementaux »* précise Christine Aubry.

Un avenir à construire

Aujourd'hui, l'agriculture urbaine se développe dans de nombreuses régions du monde du fait d'une demande croissante en produits alimentaires locaux, animaux et végétaux. Cependant, ce développement se heurte, selon les contextes géographiques, politiques, économiques, à plusieurs problématiques : le manque de terres disponibles pour cultiver, la pollution et le manque d'eau. Alors, seule une volonté politique forte, appuyée sur des recherches et expérimentations, permettra de dépasser ces obstacles. ●

1. ACT : Action, transitions et territoires.

L'AGRICULTURE URBAINE PEUT-ELLE NOURRIR LA VILLE ?

La question est centrale ! Cultiver ou élever sur de petites surfaces, en ville ou à proximité, n'est-ce pas anecdotique face à la demande alimentaire de populations citadines grandissantes ? **Analyse.**

Les chiffres parlent d'eux-mêmes : en 2050, la FAO estime qu'il y aura 9,7 milliards d'humains sur Terre, dont 70 % vivront en ville. L'agriculture en ville pourrait-elle à elle seule les nourrir ? Assurément non. Peut-elle y contribuer ? Oui, un petit peu. Mais difficile de donner des chiffres consensuels. Une étude projette qu'avec le développement de l'agriculture urbaine sur les toits de la ville de Bologne, la production pourrait satisfaire 77 % des besoins de la ville en fruits et légumes. Une autre étude donne des chiffres plus pessimistes : le développement massif de l'agriculture urbaine pourrait couvrir les besoins en légumes frais de la ville de Toronto à hauteur de 10 % seulement. À Paris, ville dense et disposant de 80 hectares de toits plats[1], la production avec des rendements aussi élevés que ceux atteints par le potager expérimental sur le toit d'AgroParisTech n'atteindrait même pas les 10 % des besoins annuels en fruits et légumes des Parisiens. La raison de chiffres aussi différents ? La surface disponible dans une ville, la capacité des toits à porter une culture, le rendement estimé et la densité de population. Car si la théorie prend en compte tous les espaces disponibles et toutes les surfaces de toits qui pourraient être dédiées à l'agriculture, la réalité est tout autre : tous les toits, même plats, ne sont pas propices à la culture, les coûts d'investissement pour les transformer en toits productifs peuvent être très élevés, et enfin les espaces verts non cultivés sont aussi nécessaires à une ville !

Un potentiel non négligeable

Il y a tout de même des formes d'agricultures urbaines et périurbaines qui tirent leur épingle du jeu. C'est le cas par exemple des jardins privés. À Paris, certains jardiniers amateurs parviennent à produire les fruits et légumes qu'ils consomment au sein de leur foyer à l'année, soit en moyenne 182 kg de fruits et légumes. À Rennes, Caen et Alençon, les potagers privés permettent d'assurer respectivement 5,1 %, 8,1 % et 18,1 % de la consommation de légumes des habitants de ces trois villes. À Cuba, à la fin des années 1990, près de 100 000 jardins urbains de taille moyenne couvrant au total plus de 30 000 hectares produisaient plus de 3 millions de tonnes de légumes par an pour 11 millions de personnes. Une forte production qui a entraîné l'adoption de meilleures →

habitudes alimentaires des Cubains au sein de leur foyer, mais aussi dans les écoles et sur les lieux de travail. En 2001, l'agriculture urbaine représentait près de 60 % des légumes et une forte proportion des œufs et de la viande de volaille consommés à Cuba. Dans les pays du Sud, on estime entre 60 et 100 % la proportion de produits frais (légumes, fruits, œufs, lait) fournis aux urbains par l'agriculture intra-urbaine et de proximité immédiate. À Paris, les scientifiques ont montré que les niveaux de production des bacs des potagers sur les toits sont supérieurs à ceux de jardins familiaux en pleine terre. Ces niveaux sont d'ailleurs comparables, même parfois supérieurs, à ceux de maraîchers professionnels en agriculture biologique. Les rendements sont assez similaires selon les modalités testées, les technosols constitués de déchets urbains compostés étant aussi voire plus fertiles que le terreau du commerce. Autre avantage de ces agricultures : produire des cultures exotiques introuvables en frais ou très chères à acheminer, qui alimentent des populations aux cultures culinaires éloignées. Christine Aubry voit aujourd'hui un enjeu de taille à *« redévelopper une agriculture périurbaine pour nourrir la ville. Cette agriculture a été morcelée du fait de l'urbanisation, mais c'est bien cette agriculture qui a la capacité à nourrir la ville »*. Par exemple, pour nourrir Paris en fruits et légumes, il faudrait 11 000 hectares... et 16 000 hectares pour nourrir en plus ceux qui y travaillent mais n'y habitent pas... soit 1,5 fois la surface de la ville intra-muros ! Mais cela représente moins de 3 % de la surface agricole de la région Île-de-France (560 000 hectares).

Dans certains pays d'Afrique, l'agriculture urbaine est formellement interdite et pourtant 40 % des ménages urbains ont une activité agricole.

POPULATION D'AFRIQUE

x 2

Les Nations unies annoncent que la population du continent africain pourrait plus que doubler d'ici 2050, passant de :

1,1 Md
en 2020

↓

2,4 Mds
en 2050

↓

4,2 Mds
en 2100

Cultiver et élever en ville, indispensable en Afrique

En Afrique, les expansions urbaines sont bien supérieures à celles que nous connaissons dans les pays industrialisés. Si on ajoute à cela des politiques d'urbanisme peu formalisées ou inexistantes, l'agriculture urbaine, formellement interdite dans certains pays et pourtant bien présente, peine à maintenir sa place dans les espaces urbains et périurbains soumis à une forte concurrence d'usages. Et pourtant, 40 % des ménages urbains ont des activités agricoles en ville. Les formes d'agriculture urbaine sont principalement du maraîchage (légumes feuilles, légumes fruits ou racines), qui s'insère dans les interstices de la ville, mais aussi la production d'œufs et de poulets. À Dakar, 70 % de la production avicole se fait en ville, 90 % à Antananarivo (Madagascar). En effet, pour répondre à une forte demande en produits animaux, il n'est pas rare de croiser bœufs, moutons, chèvres et poules dans les rues des villes africaines, même si pour les ruminants cela implique un approvisionnement en fourrage compliqué.

Une réalité contrastée

Si dans certains pays africains l'agriculture urbaine se développe, la réalité est très contrastée. Par exemple, la surface dédiée au maraîchage périurbain à Dakar diminue au profit de l'urbanisation, mais la production de salades à l'intérieur de la ville dans des microjardins représente aujourd'hui plus de la moitié de la consommation de la capitale sénégalaise. *« À Bobo-Dioulasso, deuxième ville du Burkina Faso, lorsqu'un espace urbain se libère, l'agriculture n'est pas prioritaire, c'est le bâti qui prend le dessus dans le processus informel d'occupation de l'espace »*, explique Ophélie Robineau, qui a mené sa thèse au sein de l'unité INRAE Innovation à Montpellier sur l'agriculture dans la ville africaine. Ses travaux pointent les conditions pour que se maintiennent les activités agricoles en ville. Ainsi, leurs rôles économique (création d'emplois, productions destinées à être vendues localement ou exportées) et alimentaire font que les pouvoirs publics les tolèrent. Autres avantages de ces activités, leur capacité à recycler les déchets urbains, avec l'élevage des porcs, par exemple, qui se nourrissent des drêches de brasserie, ou les déjections animales utilisées comme fumure organique pour

↑ Élevage bovin à Bobo-Dioulasso au Burkina Faso.

le maraîchage. Des atouts qui peuvent devenir des inconvénients, en matière de risque sanitaire et environnemental. En effet l'utilisation d'eaux usées pour l'irrigation, le risque de transmission de maladies des animaux d'élevage à l'homme (voir dossier Décryptage p. 50) ou encore l'usage peu réglementé de produits phytosanitaires questionnent. Car en Afrique, mais aussi partout dans le monde, la qualité sanitaire des produits issus de l'agriculture urbaine est une réelle préoccupation.

L'incontournable question de la pollution

Cultiver des légumes au pied du périphérique... La question qui se pose lorsqu'on évoque la production en ville est évidemment celle de la pollution : la présence de contaminants chimiques et de polluants dans l'air, l'eau et les sols rend-elle les aliments produits en zone urbaine et périurbaine plus pollués que ceux provenant d'autres endroits ?

La pollution qui menace l'agriculture urbaine provient généralement de l'activité humaine, actuelle et passée, localisée sur le site concerné ou aux alentours : circulation routière, activités industrielles, chauffage des habitations, utilisation de remblais... L'eau, l'air et surtout les sols peuvent alors contenir des éléments-traces métalliques : plomb, cadmium, mercure, cuivre, zinc et, dans une moindre mesure, arsenic, chrome et sélénium. Autres polluants traqués en agriculture urbaine, les hydrocarbures, en particulier les hydrocarbures aromatiques polycycliques (HAP) rejetés dans l'air à l'issue de combustions incomplètes et dont la source est principalement le chauffage au bois et le trafic routier. À signaler également, la pollution due aux lubrifiants et huiles diverses provenant des machines agricoles utilisées ou encore les nitrates liés à un excès de fertilisation causé notamment par des apports excessifs de composts.

Quid de la pollution de l'air ?

Si l'air qui entoure les cultures est pollué, est-ce que les légumes sont pollués à leur tour ? Cela dépend bien sûr du niveau de pollution de l'air mais aussi du type de légume cultivé. Les salades, par exemple, qui ont une grande surface de feuilles sont plus exposées aux polluants et, de ce fait, les absorbent davantage. Les cultures qui →

accumulent le plus de polluants sont les herbes aromatiques, plus particulièrement le persil. En Europe, les émissions de polluants atmosphériques ont diminué et la présence d'éléments-traces métalliques dans l'air respecte généralement les seuils réglementaires. Est-ce suffisant? Une étude menée sur 10 potagers installés sur des toits à Paris et en région parisienne montre que les teneurs en plomb, cadmium et mercure des fruits et légumes (tomates, carottes, radis, fraises, laitues, blettes, choux et poivrons) étaient, pour l'ensemble des sites étudiés, en moyenne 3 à 5 fois sous les seuils réglementaires européens. Les concentrations en BAP et HAP4[2] mesurées dans les légumes feuilles (batavias et blettes) sur les toits de l'immeuble de la RATP et d'AgroParisTech sont elles aussi en dessous des seuils réglementaires fixés par la Commission européenne. Les données montrent que plus on s'éloigne du niveau du sol, plus la teneur en contaminants diminue.

Légumes sains dans un sol sain?

La pollution des sols est une préoccupation importante pour les projets d'agriculture urbaine en pleine terre. L'analyse des sols de certaines microfermes urbaines qui emploient ce mode de culture a révélé la présence de polluants, notamment d'éléments-traces métalliques, avec des concentrations plus élevées que celles habituellement rencontrées dans des sols agricoles ruraux. Pour accompagner les collectivités territoriales et les porteurs de projets d'agriculture urbaine, INRAE et AgroParisTech ont réalisé un guide, Refuge, pour prendre en compte la contamination des sols dans des projets d'agriculture urbaine (voir encadré ci-contre).●

1. APUR 2013.
2. Le BaP (benzo(a)pyrène) et HAP4 (sommes des concentrations de 4 molécules d'hydrocarbures aromatiques polycycliques (HAP)).

GUIDE REFUGE

Évaluer les risques liés à la contamination des sols

Le guide *Refuge* développé par INRAE et AgroParisTech propose une méthode en trois étapes:

❶ Caractériser le danger pour évaluer les risques: étudier l'histoire des usages des sols concernés et réaliser des analyses de sol pour caractériser la contamination.

❷ Gérer les risques: en cas d'absence de contamination, le projet peut continuer. Si la contamination dépasse les valeurs de référence, les porteurs de projet devront revoir l'usage du site ou arrêter leur projet. Dans le cas de situations intermédiaires, où l'activité agricole est possible, il faudra élaborer un Plan de maîtrise sanitaire et identifier les moyens à mettre en œuvre afin de prévenir ou limiter les risques sanitaires.

❸ Accompagner les porteurs de projets: pour mettre en place et appliquer les mesures de gestion des risques sanitaires, les porteurs de projet disposent d'un deuxième guide, le Plan de maîtrise sanitaire-Agricultures urbaines (PMS-AU). Il donne des informations réglementaires et de nombreuses recommandations (lister les dangers, mener des analyses chimiques, tenir des registres pour la traçabilité des produits récoltés, etc.) Il s'agit également de communiquer sur les risques auprès des usagers.

ÉTUDE

Pollution et jardins urbains

Le projet transdisciplinaire JASSUR a étudié les jardins associatifs de sept grandes villes françaises selon plusieurs critères, dont la pollution. Le projet révèle que les terres des jardins étudiés ont des teneurs en plomb, zinc, cuivre, cadmium, HAP ainsi qu'en phosphore assimilable plus élevées que celles de terres agricoles ou forestières. L'influence de la pollution atmosphérique sur la contamination des sols et des végétaux a été mise en évidence sur les sites situés à proximité immédiate de routes à trafic important. Toutefois, il existe une grande variabilité de risques liés à ces contaminations, donc de pollutions réelles, qui sont le plus souvent inférieures aux seuils entraînant une interdiction de cultiver.

L'AGRICULTURE URBAINE EN FRANCE

Ces dernières années, les projets d'agriculture urbaine ont connu un essor dans l'Hexagone, encouragés par les pouvoirs publics. Aujourd'hui, ce sont les collectivités territoriales qui s'en saisissent et intègrent l'agriculture dans leur politique alimentaire et d'urbanisme. Enjeux.

Vous aimeriez connaître le nombre de projets d'agriculture urbaine en France ? Sachez que ce chiffre n'existe pas ! *« On recense aujourd'hui 4 000 projets d'agriculture urbaine mais ce n'est pas exhaustif, nous avons lancé en 2023 l'Observatoire de l'agriculture urbaine et des jardins collectifs qui devrait nous permettre d'ici 2 ans de répertorier l'ensemble des projets français »*, explique Anne-Cécile Daniel, directrice de l'AFAUP (Association française d'agriculture urbaine professionnelle). La tendance ces dernières années était à l'augmentation, due à des programmes phares tels que Les quartiers fertiles, portés par l'ANRU (Agence nationale pour la rénovation urbaine) et soutenus par France Relance, qui a permis le financement en 2022 de 98 fermes urbaines et projets de jardins collectifs dans 140 quartiers prioritaires. L'objectif ? Favoriser l'accès pour tous à des produits sains et locaux, créer du lien social et développer l'activité économique. *« On constate que le nombre de projets est assez stable mais on manque aujourd'hui de financements et de politiques dédiés à l'agriculture urbaine »*, précise Anne-Cécile Daniel.

Quant aux agriculteurs et agricultrices urbains, *« ils ont des profils extrêmement variés ! »*, explique la directrice de l'AFAUP. Des jeunes en sortie d'écoles de commerce, de communication ou d'agronomie, des personnes en reconversion professionnelle, des travailleurs sociaux et parfois des fils ou filles d'agriculteurs. Leurs points communs ? Des citadins en quête de sens au travail avec une forte volonté d'agir pour la transition agricole et alimentaire. *« On constate beaucoup de dynamisme et d'enthousiasme chez les porteurs de projets que l'on accompagne. »*

Comment les villes font place à l'agriculture urbaine ?

« L'agriculture urbaine est perçue par les municipalités comme faisant partie des solutions pour leur approvisionnement alimentaire, en particulier en produits frais et locaux, mais c'est loin d'être la seule solution », explique Isabelle Duvernoy, chercheuse à l'unité Agir. Si la relocalisation de l'alimentation est une préoccupation grandissante des villes, elle se formalise en France depuis 2014 à travers les projets alimentaires territoriaux (PAT), qui permettent d'intégrer l'alimentation au cœur de leur politique et d'impliquer, voire de coordonner, une multitude d'acteurs : associations, citoyens, →

© Agrovélocity

↑
Ferme maraîchère des Petits Champs à Marseille. Elle produit des espèces variées en association brocolis-haricots verts-fraises, labellisée bio et destinée à la vente en circuits courts

professionnels agricoles, transformateurs, distributeurs, urbanistes, etc. C'est le cas de la ville d'Albi, dont le PAT a été labellisé en 2020. *« Avec ce type de projet, ce sont toutes les composantes du système alimentaire qui sont encouragées à évoluer en même temps et dans le même sens »*, explique Isabelle Duvernoy.

Le modèle albigeois

Comme d'autres communes, la ville d'Albi, dans les années 2010, a choisi de racheter des terres agricoles, à la fois pour contrôler le foncier mais aussi pour le réorganiser et développer une agriculture de proximité pour ses habitants. Cet engagement pour une alimentation de proximité a permis d'installer de nouveaux maraîchers sur la commune, de promouvoir l'autoconsommation des habitants avec le développement de jardins partagés, d'encourager le retour à l'emploi avec des jardins d'insertion et enfin de créer un marché de producteurs. La restauration scolaire a été un levier fondamental de l'action alimentaire de la ville. Celle-ci a créé une nouvelle cuisine centrale approvisionnée en partie en produits locaux, et développé des actions pour lutter contre le gaspillage alimentaire et la valorisation des déchets. Cette cuisine centrale, qui élabore en moyenne 3 500 repas par jour, a été conçue pour l'utilisation de produits frais locaux avec des espaces de stockage et une légumerie. Résultat : la production de légumes en circuit ultra court sur les terres de la commune mais aussi un approvisionnement par des agriculteurs de tout le département. *« La ville a réussi à créer un circuit hyper court. En 2020, lors de notre étude, les salades qui approvisionnaient la cuisine centrale d'Albi avaient parcouru moins de 2 km dans la matinée. Mais la production urbaine ne peut être qu'une part de l'approvisionnement des cantines et doit souvent être soutenue et facilitée par les municipalités. Pour beaucoup de producteurs, il n'y a pas un intérêt commercial à approvisionner des petites structures »*, explique Isabelle Duvernoy.

Développer un cercle vertueux

À Romainville, la Cité Maraîchère s'appuie sur l'agriculture urbaine pour développer un cercle vertueux autour de l'alimentation : après plusieurs années de réflexion, la municipalité a inauguré en 2020 une serre verticale de maraîchage cultivée par des agriculteurs salariés de la ville et n'uti- →

À la reconquête du foncier agricole

Entretien avec Isabelle Touzard

Isabelle Touzard est vice-présidente de Montpellier Méditerranée Métropole, déléguée à la transition écologique et solidaire, biodiversité, énergie, agroécologie et alimentation.

Pourquoi Montpellier Méditerranée Métropole s'intéresse-t-elle à l'agriculture urbaine et périurbaine ?
Il y a beaucoup de concurrence sur le foncier agricole dans notre région. Les urbains souhaitent acquérir des terrains de loisirs, nous avons besoin de terres pour développer les énergies renouvelables, notamment le photovoltaïque, ou encore des maîtres d'ouvrage cherchent des terres pour faire de la compensation environnementale imposée pour toute nouvelle construction d'infrastructure. De ce fait, le prix des terres cultivables augmente et devient inaccessible pour les agriculteurs. Les propriétaires privés attendent que leurs terrains prennent de la valeur en devenant constructibles, ce qui entraîne un enfrichement de terres pourtant de bonne qualité. Sur les 11 000 hectares de surfaces agricoles que compte la Métropole, 3 000 hectares sont en friche dont 400 hectares environ sont irrigables. Au-delà des risques incendie, de « cabanisation » et de dégradation des paysages, ce développement des friches réduit la capacité à produire et nourrir la ville, et c'est aussi une perte de biodiversité car on supprime la mosaïque de milieux et de cultures (vigne, jachères, bois, cultures, etc.) qui offre un habitat diversifié à la faune. Notre volonté est de mettre en œuvre des actions pour reconquérir ces terres, les mettre à disposition des agriculteurs, promouvoir l'agroécologie qui préserve l'environnement, et relocaliser l'alimentation pour que les habitants de la Métropole aient un accès à une alimentation saine et durable.

Quelles sont vos actions ?
Nous finalisons notre plan local d'urbanisme intercommunal où ont été préservées des terres pour l'agriculture et où seuls les agriculteurs peuvent construire du bâti pour leur exploitation. On accompagne également les communes de la Métropole dans leurs projets d'installation d'agriculteurs et agricultrices en lien avec l'approvisionnement des cantines et des marchés. On souhaite promouvoir l'agroécologie pour concilier les activités agricoles et la restauration des écosystèmes, avec par exemple des haies, des fossés, des murets, des noues (fossés peu profonds) pour favoriser la biodiversité et maintenir ou rétablir les continuités écologiques. INRAE nous accompagne d'ailleurs dans la mise en place de pratiques agroécologiques notamment dans un contexte de rareté de l'eau en se fondant sur les apports de l'hydrologie régénérative qui consiste à restaurer et améliorer les cycles naturels de l'eau dans les écosystèmes. Nous développons aussi un projet singulier en zone périurbaine en France. Nous travaillons à la création de deux associations de foncier agricole (AFA) qui géreront les terres agricoles détenues par les communes, par la Métropole, par d'autres propriétaires institutionnels et quelques propriétaires privés. Ces AFA agiront comme des syndics mais pour le foncier ! Elles porteront et géreront des appels à projets pour louer ces terres à des éleveurs de brebis et de chèvres, à des maraîchers ou à des producteurs de céréales et de légumineuses. Enfin, nous nous engageons dans le développement de nouvelles filières, lentilles et pois chiches, dont la culture consomme peu d'eau. Pour cela on garantit aux agriculteurs un prix d'achat de ces produits en partie achetés par la cuisine centrale de Montpellier qui fournit les cantines de la ville.

Quel est le point fort de votre stratégie ?
Pour mener à bien ces actions, nous travaillons avec INRAE et tous les acteurs concernés par ces problématiques : les chambres d'agriculture, la SAFER, les Civam, le réseau InPACT, les collectivités, les consommateurs, etc. pour réfléchir collectivement à la manière de développer encore l'appui à la diversification des exploitations agricoles, dans une perspective d'adaptation au changement climatique. Et il s'avère que la coordination entre tous ces acteurs est un facteur clé de réussite !

lisant aucun pesticide. Les légumes récoltés sont vendus aux habitants avec des tarifs adaptés à leur quotient familial. Mais ils ne s'arrêtent pas là ! La Cité Maraîchère est aussi et d'abord un espace pédagogique auquel tous les scolaires de la ville, de la maternelle au lycée, ont accès et bénéficient d'ateliers sur le temps scolaire ou périscolaire. Un café solidaire propose aussi des repas cuisinés à partir des légumes en partie produits sur place et à des tarifs accessibles au plus grand nombre. *« Un projet qui a un coût et qui résulte d'une volonté politique forte mais qui fonctionne très bien »*, conclut Agnès Lelièvre, enseignante-chercheuse à AgroParisTech. Les municipalités mobilisent un autre outil : les régies agricoles, structures mises en place pour gérer et exploiter des terres agricoles. En 2005, la ville de Mouans-Sartoux rachète des terres agricoles et salarie un agriculteur pour cultiver des légumes en agriculture biologique. Aujourd'hui, cette production couvre 85 % des besoins annuels en légumes des cantines scolaires de la ville. ●

« La ville d'Albi a réussi à créer un circuit hyper court. Les salades qui approvisionnent la cuisine centrale parcourent moins de 2 km dans la matinée. » Isabelle Duvernoy

METH'EXPAU®

Une méthode pour accompagner les projets sur le territoire

De nombreux acteurs de l'aménagement urbain – collectivités territoriales, établissements publics, bailleurs, promoteurs – souhaitent mettre en place des projets d'agriculture urbaine mais se posent des questions de faisabilité. La méthode Meth'Expau® développée par le bureau de prestation de recherches Exp'AU, créé au sein d'AgroParisTech innovation en 2015 par l'équipe Agricultures urbaines de l'unité Sadapt d'INRAE, répond à ce besoin d'accompagnement[1]. Elle s'articule autour d'un guide d'accompagnement en trois actes et de formations associées :

❶ Un diagnostic territorial : il permet d'identifier les ressources matérielles et immatérielles disponibles [foncier, besoin des habitants, insertion du projet dans le quartier]. Il s'accompagne d'un diagnostic technique et agronomique ainsi que d'un état des lieux des acteurs du territoire. Il est conseillé de réaliser un atelier multiacteurs pour valider collectivement les enjeux et avoir des objectifs partagés.

❷ La définition d'une gamme des possibles : il s'agit de propositions des projets les plus pertinents et adaptés au territoire en adéquation avec le diagnostic territorial.

❸ La mise en œuvre des projets : des fiches opérationnelles sont produites pour aider à la réalisation des projets d'agriculture urbaine, en fonction de la forme choisie : contractualisation pour la mise à disposition du foncier ou rédaction des documents de cadrage de jardins collectifs par exemple.
« Le message que l'on essaye de faire passer avec cette méthode : avant de lancer un projet, réfléchissez bien ! Est-ce que votre territoire a les espaces disponibles ? Quelles fonctions voulez-vous donner à l'agriculture ? Quelles sont les attentes et les craintes des habitants ? » **souligne Giulia Giacchè, chercheuse à l'unité Sadapt et ancienne coordinatrice d'Exp'AU. Entre 2015 et 2022, 37 études ont été réalisées selon cette méthode, dont 21 commanditées par des collectivités territoriales.**

1. Cette méthode est formalisée dans le guide « Développer des projets d'agriculture urbaine avec la méthode Meth'Expau® ».

UNE AGRICULTURE ESSENTIELLE À LA VILLE DURABLE ?

L'agriculture en ville ne se contente pas de nourrir, elle porte d'autres enjeux, sociaux et environnementaux, tout aussi importants, et s'avère être un pilier incontournable de la ville durable. Éclairage.

Aujourd'hui, alors que 55 % de la population mondiale réside dans des zones urbaines et que cette proportion atteindra probablement 70 % en 2050, impossible de raisonner la ville sans agriculture. Aussi bien pour des raisons alimentaires qu'environnementales et sociales. Les politiques locales mais aussi internationales s'en saisissent. La FAO a lancé en 2020 son initiative « villes vertes » qui énonce 5 solutions pour des villes durables dont le développement de l'agriculture urbaine et le rétablissement du lien entre villes et zones rurales environnantes, notamment pour l'approvisionnement alimentaire. Objectif : 1000 « villes vertes » d'ici 2030. Le pacte de Milan, signé en 2015, rallie aujourd'hui 200 villes dans le monde autour d'engagements communs : préserver les terres agricoles, favoriser les circuits de proximité et ne pas gaspiller l'alimentation.

Des services environnementaux

La ville et ses infrastructures altèrent l'environnement : fragmentation des habitats naturels, pollution, imperméabilisation des sols. L'agriculture en ville peut contribuer à atténuer les effets négatifs de l'urbanisation.

8 x
On retrouve 8 fois plus de collemboles dans les jardins potagers qu'en milieu agricole.

Biodiversité. Y en a-t-il sur les toits cultivés ? Oui ! Sophie Joimel, chercheuse AgroParisTech à l'unité ÉcoSys, montre dans ses travaux que beaucoup d'organismes, et en particulier les plus petits, sont capables de coloniser les toitures. Parmi eux, les collemboles, des arthropodes jouant un rôle majeur dans la fertilité des sols et qui arrivent sur nos toits portés par les vents et via les composts. Moins facile pour les vers de terre, plus gros, qui doivent être introduits dans les bacs. Quant aux jardins potagers, les résultats du projet JASSUR cassent les a priori et montrent que le milieu urbain n'est pas moins favorable à la biodiversité. Le projet met toutefois en lumière une homogénéisation des espèces végétales entre les villes, mais aussi une grande diversité des organismes du sol.

Régulation thermique. À cause de l'artificialisation et de l'imperméabilisation des milieux urbains, il fait plus chaud en ville qu'à la campagne. C'est ce que l'on appelle l'îlot de chaleur urbain. Son intensité varie de 0,6 °C à 10 °C en fonction des saisons, de la géographie et de la structure de la ville. L'agriculture, via la végétalisation des espaces, permet de réduire cet îlot de chaleur en →

Jardin communautaire au Centre for Immigrant and Community Services à Toronto. © Agnès Lelièvre

absorbant une partie du rayonnement solaire, en apportant de l'ombrage et grâce à l'évapotranspiration. Lorsque l'agriculture est sur les toits ou sur les façades, elle participe également à l'isolation thermique des bâtiments. *« Cela ne remplace pas une bonne isolation des bâtiments mais l'impact n'est pas négligeable »*, explique Christine Aubry avant d'ajouter : *« Les arbres en ville contribuent aussi beaucoup à la régulation thermique des villes, un rôle qui pourrait être joué par des vergers urbains ! »*

Limitation du risque d'inondation. En ville, l'imperméabilisation des sols due aux constructions ou autres infrastructures empêche l'eau de pluie de s'infiltrer dans le sol et implique un plus grand risque d'inondation. *« À New York, pour limiter le risque d'inondations dues aux pluies torrentielles, la ville finance les projets d'agriculture urbaine uniquement pour sa fonction de rétention d'eau et pour ne pas avoir à augmenter la taille des tuyaux du réseau de récupération des eaux pluviales »*, explique Christine Aubry. Au Canada, les serres sur les toits réutilisent l'eau de pluie collectée par la toiture pour irriguer les plantations. L'agriculture en périphérie de la ville a également ce rôle de rétention de l'eau en amont de la ville pour limiter le risque inondation.

70 %
des déchets produits dans le monde viennent des villes

Les villes consomment 70 % de l'approvisionnement alimentaire global

[Source FAO]

Et bien d'autres services. Parmi les autres services rendus par l'agriculture urbaine, nous pouvons ajouter la régulation du climat via le stockage du carbone dans les sols, l'amélioration (assez faible) de la qualité de l'air, l'atténuation du bruit en ville par la végétalisation et enfin des services esthétiques. Les épisodes de confinement liés au Covid-19 ont d'ailleurs montré combien la proximité d'espaces de nature était indispensable aux citadins.

Un rôle social revendiqué : à la reconquête des « communs »

Le premier jardin communautaire est né en 1973 à New York, sur un terrain vague à Manhattan, occupé dans un premier temps illégalement pour y faire un jardin géré par les habitants et militants revendiquant un besoin d'espaces verts, mais aussi pour protester contre l'inaction politique face à l'augmentation d'espaces en déshérence, de friches, de squats et des activités illicites qui s'y développaient. Le mouvement s'étend en parallèle au Canada et en Angleterre. *« Dans mes travaux, j'ai observé l'émergence de ces dynamiques-là à Sao Paolo dans les années 2010 quand deux journa-*

listes ont initié ce mouvement par la création de jardins partagés au centre-ville et dans toute la métropole », raconte Giulia Giacchè. L'objectif de ce mouvement était de produire ses propres aliments tout en s'appropriant l'espace public, avoir plus d'espaces verts, mais c'était aussi un moyen pour militer pour une agriculture agroécologique et sans pesticide. *« Les militants en ont fait un véritable objet politique en se structurant en réseau et cela leur a permis de participer à des discussions politiques pour préserver les terres agricoles, renforcer les circuits courts, et promouvoir une agriculture durable »*, précise Giulia Giacchè.

Justice sociale, justice alimentaire

Si ce mouvement des *community gardens* est né de la désobéissance civile, il a évolué pour devenir le fer de lance de la justice alimentaire. *« La justice alimentaire cherche à apporter une sécurité alimentaire aux populations pauvres et aux minorités ethniques des quartiers défavorisés »*, explique Christophe Soulard. Mais cela va au-delà : l'agriculture urbaine peut être un levier d'accès à la nourriture mais elle peut aussi offrir aux personnes défavorisées des opportunités de se former, d'avoir un emploi ou encore de développer un certain statut social auquel elles ont difficilement accès. C'est alors que l'agriculture urbaine apparaît comme un outil de justice sociale, spatiale et environnementale dans les enjeux alimentaires des villes.

L'agriculture en ville, moteur d'une économie circulaire ?

La ville produit une quantité énorme de déchets… et si on les valorisait dans les systèmes agricoles dans et autour de la ville ? C'est bel et bien à l'agenda, puisque la loi anti-gaspillage pour une économie circulaire (AGEC) de 2020 généralise, depuis le 1er janvier 2024, le tri à la source des biodéchets pour les particuliers et les professionnels. Mais la tâche est difficile : *« Il y a une telle quantité de déchets qu'on ne peut pas imaginer que les espaces en ville les absorbent, aussi parce que cela risquerait de les polluer. Un levier important pour réduire les quantités de biodéchets est de réduire les pertes et gaspillages alimentaires »*, nuance Barbara Redlingshöfer, ingénieure de recherche à l'unité Sadapt. Plusieurs pistes sont toutefois développées. Le projet Décisive[1], porté par INRAE, a permis de développer des technologies de micrométha- →

SOCIÉTÉ

L'agriculture dans mon HLM

Pourquoi les bailleurs sociaux s'intéressent-ils à l'agriculture urbaine ? *« On a montré comment l'agriculture urbaine peut être à la fois un outil pédagogique, de lien social et d'économie circulaire »*, explique Giulia Giacchè qui a mené un état des lieux des projets portés par les bailleurs sociaux en collaboration avec l'AFAUP, le CSTB et l'USH[1]. Pour les habitants, cela permet de créer du lien social et de réduire l'isolement en disposant d'espaces de partage et d'entraide. Cela leur permet de renouer avec la nature, de mieux appréhender les liens entre production et alimentation, et in fine de mieux s'alimenter. Pour les bailleurs, cela leur permet de réduire les coûts d'entretien des espaces verts (ou de mettre ces coûts à profit de la gestion des jardins) et d'améliorer les rapports entre les locataires et les personnels de proximité. Toutefois, plusieurs difficultés ont été rencontrées, parmi lesquelles le manque de ressources humaines et de financements lors des phases de montage, puis de mobilisation des habitants dans la durée, de gestion des ressources, et de conflits d'usages une fois les projets lancés.

1. AFAUP : Association française d'agriculture urbaine professionnelle ; CSTB : Centre scientifique et technique du bâtiment ; USH : Union sociale pour l'habitat.

EN FRANCE, ON RECENSE* SUR LE PARC HLM

- + de 300 jardins collectifs
- + de 87 espaces interstitiels
- 13 fermes urbaines
- 50 ruchers
- 7 élevages
- 4 écopâturages
- 32 composteurs collectifs

*à partir d'une enquête par questionnaire ayant débouché sur 53 réponses de bailleurs.

INNOVATION

Nos urines comme fertilisant

Dans les urines, il y a beaucoup d'azote et de phosphore, très utiles pour la fertilisation. Pourquoi ne pas les collecter pour les utiliser et en même temps limiter le traitement des eaux usées, qui est à la fois coûteux et énergivore ?
C'est ce qu'ont testé les scientifiques de Toulouse Mairie Métropole dans le cadre du projet Tevalu. Ils se sont interrogés sur la quantité d'urine collectable à l'échelle de la Métropole (850 000 habitants), dans les universités, les aéroports, etc. au regard des besoins en fertilisation sur le territoire (pépinières, golf, agriculture urbaine et périurbaine). Résultat : on pourrait récupérer 21 tonnes d'azote par an avec le seul aéroport de Toulouse Blagnac, ce qui permettrait de couvrir tous les besoins en fertilisation de l'agriculture urbaine du territoire !

IMPACT

La performance environnementale en question

Impossible de répondre simplement à la question de la performance environnementale de l'agriculture urbaine compte tenu de la diversité des formes que celle-ci peut prendre. Dans sa thèse menée à INRAE, Erica Dorr souligne le manque cruel de données et de méthodes pour évaluer l'impact environnemental de l'agriculture urbaine. Néanmoins, elle montre que les systèmes plus professionnels, commerciaux et de moyenne technologie ont tendance à avoir des impacts plus faibles par kilogramme, mais plus élevés par mètre carré, que les systèmes à faible technologie. Les systèmes high-tech, avec des intrants importants mais aussi des rendements élevés, ont encore des impacts importants par kilogramme. Concernant les systèmes en intérieur, l'utilisation de l'énergie est souvent plus importante que pour les autres systèmes ; quant aux serres, c'est leur structure qui pèse davantage sur leur impact environnemental.

nisation permettant de transformer les biodéchets solides en biogaz. Le digestat[2], riche en azote, qui résulte de cette opération peut ensuite servir de fertilisant pour l'agriculture. Un microméthaniseur pouvant valoriser au minimum 50 tonnes de biodéchets par an a été expérimenté dans l'agglomération de Lyon de 2019 à 2021. Le biogaz produit était converti en chaleur et en électricité avec un rendement pouvant atteindre au maximum 20 % d'électricité et 80 % de chaleur. La production de chaleur couvrait les besoins de chauffage du digesteur et de l'hygiénisation des déchets et l'électricité aurait pu à terme être utilisée pour alimenter de petits équipements électriques (pompes) de la ferme urbaine.

Le cas du compostage

Autre voie de réutilisation des déchets par l'agriculture urbaine : le compostage individuel ou collectif. Mais, là aussi, la réalité se heurte à quelques problèmes. Sanitaires d'abord, car il faut s'assurer que le compost produit ne contient pas de pathogènes. Puis techniques, car le compostage est un processus spécifique supposant une montée en température pouvant aller jusqu'à 70 °C pendant plusieurs jours. Aussi, le compost est très variable, car il dépend de ce que les utilisateurs du composteur mangent et donc des saisons. De ce fait, il est difficile en milieu urbain de trouver des moyens de gestion homogènes. Des freins réglementaires s'ajoutent à cela : impossible de mettre sur le marché le compost issu des composteurs collectifs ou alors il faut le faire tester par des organismes agréés pour vérifier que les normes sanitaires ont bien été respectées. Aujourd'hui, le compost produit collectivement ne peut être redistribué qu'à ceux qui y ont contribué, c'est le cas par exemple dans les jardins collectifs de certains immeubles. ●

1. H2020 nº 689229.
2. Matière non transformée qui résulte du processus de méthanisation.

FONCIER AGRICOLE

A-t-on la place de développer l'agriculture en ville ?

Au-delà de sa fonction alimentaire, l'agriculture urbaine et périurbaine s'avère un pilier indispensable de la ville durable. Mais face à l'augmentation de la population citadine et donc du besoin de foncier pour l'habitat et les infrastructures, est-il encore possible de la développer en ville ?

« Les documents d'urbanisme ont un rôle crucial pour préserver les espaces agricoles mais ils ne sont pas toujours suffisants pour empêcher la poursuite de l'artificialisation », explique Coline Perrin, chercheuse à l'unité Innovation.
« Les villes où l'espace agricole a réussi à être préservé sont celles où il y a conjointement une volonté politique forte couplée à la présence de filières agricoles dynamiques et rentables. »
Depuis une vingtaine d'années, de plus en plus de communes ont cette volonté de préserver l'espace agricole, pour des raisons paysagères, d'approvisionnement local de l'alimentation mais aussi pour des raisons environnementales de préservation de la biodiversité et de gestion de l'eau. Se développe alors une diversité de politiques publiques, souvent au moyen de projets alimentaires territoriaux (voir p. 85).
Des collectivités cherchent à remobiliser des friches, à convaincre certains propriétaires de louer leurs terres ou simplement recensent leur propre foncier pour mieux le mobiliser.
Ces initiatives sont recensées dans une plateforme web, Récolte [1], développée par l'association Terre de Liens et INRAE. La plateforme compte aujourd'hui plus de 80 initiatives portées ou soutenues par les collectivités, visant à préserver le foncier agricole et à installer des agriculteurs en agroécologie. La moitié de ces initiatives sont situées en périurbain.

La loi zéro artificialisation nette (ZAN), votée en 2023, vise à limiter à l'horizon 2050 l'artificialisation ou à la compenser par des surfaces de sol renaturé.
Va-t-elle permettre le développement de l'agriculture urbaine ? *« Pas sûr »*, répond Coline Perrin : *« cette loi aura peut-être un effet inattendu, celui d'encourager la densification de la ville avec pour potentielle conséquence de supprimer les derniers espaces agricoles interstitiels au sein des villes. »*
Cela pose une nouvelle question : la ville durable doit-elle faire de la place à l'agriculture en son sein, la développer davantage en périphérie... ou les deux ? Dans tous les cas, il reste indispensable de protéger à long terme les terres agricoles, et c'est le choix fait par certaines municipalités via un zonage plus pérenne (zone agricole protégée et PPAEN [2]) qui perdure au-delà du plan local d'urbanisme. À La Roquebrussanne, en Provence, la ZAP a permis en 10 ans onze installations d'agriculteurs et viticulteurs davantage enclins à investir du fait que les terres sont assurées de ne pas devenir constructibles.

20 %
du foncier est du foncier public dans la moitié est du département de l'Hérault, sur certaines communes cela monte à 40 %

16 000 ha
de terres agricoles (PPAEN) sanctuarisés par Nantes Métropole, permettant de stabiliser le nombre d'exploitations agricoles et la surface cultivée sur le territoire

1. url.inrae.fr/4dUycqU
2. Périmètre de protection et de valorisation des espaces agricoles et naturels périurbains.

DESTISOL'AU

Le bon sol pour le bon usage

Si artificialisation il doit y avoir, autant le faire sur un sol pollué ou dégradé plutôt que sur un sol fertile. Voilà l'idée de l'outil d'aide à la décision Destisol'AU qui permet de guider les urbanistes et aménageurs sur le choix des sols à privilégier pour développer de l'agriculture urbaine.
« L'outil va même plus loin, il permet à partir de données de caractérisation des sols de déterminer quelles espèces maraîchères seraient à cultiver prioritairement sur une parcelle », explique Christophe Schwartz, directeur du centre INRAE Nancy et ancien directeur du laboratoire Sol et environnement de l'université de Lorraine.

REPLAY

Une sélection d'informations qui ont fait l'actualité INRAE des mois passés.

07.12.23 RECHERCHE FRANÇAISE

AGENCE DE PROGRAMME ET RECHERCHE À RISQUE

INRAE s'est vu confier le pilotage de l'agence de programme thématique Agriculture et alimentation durables, forêts et ressources naturelles associées. Dirigée par Thierry Doré, elle sera chargée de renforcer la coopération entre organismes de recherche, universités et écoles. L'agence devra proposer un agenda stratégique de recherche qui sera partagé avec tous les acteurs. En parallèle, l'institut est en charge du programme EXPLOR'AE. Doté de 20 M € pour une phase expérimentale d'un an, ce programme veut favoriser l'innovation de rupture dès l'amont. Destiné aux chercheurs, il vise à détecter les idées, les talents et à soutenir des projets.

26.01.24 RENDEMENT

Répondre à la demande alimentaire mondiale

Une étude INRAE menée en collaboration avec l'université du Minnesota révèle des disparités à l'échelle du globe entre les rendements agricoles actuels et leur potentiel technique, soulignant l'importance d'optimiser les pratiques face à une demande mondiale croissante d'ici 2050. Les chercheurs mettent en lumière des potentiels de croissance des récoltes pour plusieurs cultures, notamment pour le maïs, le manioc et le sorgho, tout en alertant sur le risque de stagnation des rendements du riz en Asie. Des résultats parus le 26 janvier 2024 dans *Nature Food*.

14.12.23 CHRONONUTRITION

Manger tôt pour un cœur en bonne santé

Et si l'heure à laquelle nous mangions avait une influence sur le risque de développer une maladie cardiovasculaire ? C'est ce que nous révèle une étude commune d'INRAE, de l'Institut de santé globale de Barcelone, de l'Inserm et de l'université Sorbonne Paris Nord. En analysant les données de plus de 100 000 participants entre 2009 et 2022, les chercheurs ont mis en lumière que des repas pris tard le soir augmentaient ce risque tandis qu'une période de jeûne nocturne plus longue le diminuait. Ces résultats soulignent l'importance d'adapter nos habitudes alimentaires pour réduire le risque de maladies cardiovasculaires.

2023/2024 FRANCE 2030

DES PROGRAMMES DE RECHERCHE AU SERVICE DES TRANSITIONS

Acteur majeur de la transition des systèmes agricole et alimentaire, INRAE a lancé quatre nouveaux Programmes nationaux de recherche (PEPR) et un Grand Défi dans le cadre du plan France 2030.
En présence des ministres de la Recherche et de l'Agriculture, le lancement du Grand Défi « Robotique agricole » a réuni les représentants de toute la filière en septembre 2023 à Montoldre (03). Piloté par l'association RobAgri et avec la direction scientifique d'INRAE, ce Grand Défi, doté de 21 M € par l'État, vise à renforcer l'innovation dans ce domaine au service de la transition agroécologique.

Trois nouveaux PEPR pilotés par INRAE ont également été inaugurés :
Le PEPR Sélection végétale (SVA) porte sur l'édition du génome comme soutien à l'agroécologie. Doté de 30 M €, le programme vise à évaluer le potentiel de ces technologies pour la sélection de nouvelles espèces et nouveaux caractères, jusqu'à la preuve de concept.
Le PEPR Alimentation et Microbiomes (SAMS), copiloté avec l'Inserm, bénéficiera de 58 M € pour lever des verrous scientifiques et sociaux dans les domaines de la compréhension des comportements alimentaires et des modes de consommation, et de la connaissance des liens entre alimentation microbiome et santé humaine.
Le PEPR Solutions fondées sur la Nature (SOLU-BIOD) mobilisera les scientifiques et les acteurs des territoires urbains et ruraux pour le développement d'actions innovantes et durables face aux multiples défis sociétaux comme les risques naturels, la santé, l'approvisionnement en eau ou encore la sécurité alimentaire. Copiloté avec le CNRS, le programme est doté de 44,2 M €.

25.10.23 ÉPIDÉMIOLOGIE

LES PLUMES DES CANARDS VECTEURS DE L'INFLUENZA

Des chercheurs toulousains de l'UMR IHAP (ENVT/INRAE – Chaire de biosécurité et santé aviaires) ont révélé que les plumes des canards constituaient une source de diffusion des virus influenza aviaire hautement pathogènes. Cette découverte, qui remet en question les stratégies de lutte contre la diffusion et la persistance du virus, intervient alors que la vaccination des canards français a été rendue obligatoire en octobre 2023.

20.11.23 CO_2

© crédits

Les plantes, championnes de la captation !
INRAE a participé à une étude internationale menée par l'Institute for the Environment de la Western Sydney University (Australie), parue dans *Science Advances*, qui offre des perspectives optimistes pour la planète. En effet, une modélisation écologique suggère que les plantes seraient capables de capter une plus grande quantité du CO_2 rejeté par l'activité humaine dans l'atmosphère qu'attendu. Cependant, les conditions climatiques futures, avec des événements extrêmes tels que sécheresses ou canicules, peuvent limiter cette capacité.

09.04.24 BIOCONTRÔLE

La lutte continue contre le papillon ravageur

Une étude d'INRAE sur les noctuelles, publiée dans la revue *Current Biology*, révèle l'influence des phéromones des femelles sur le rythme circadien des mâles, favorisant les accouplements. Un composé chimique de ces phéromones dépasse même l'effet de la lumière sur l'horloge interne. Chez la noctuelle *Spodoptera littoralis*, les mâles synchronisent leur activité avec les femelles. Les chercheurs envisagent des applications de biocontrôle pour limiter les dégâts sur les cultures en perturbant ce rythme.

27.10.23 GUADELOUPE

RECHERCHE, FORMATION ET INNOVATION

Liés par une convention depuis déjà 10 ans, INRAE et la Région Guadeloupe renouvellent leur partenariat pour 5 ans. Les deux organismes ont la volonté de renforcer leurs collaborations face aux grands défis auxquels la Guadeloupe, au cœur du milieu caribéen, doit faire face. Objectif : renforcer la transition agroécologique et l'attractivité socio-économique de l'île en s'appuyant sur les forces de recherche, formation, diffusion et innovation d'INRAE, dont celles du centre INRAE Antilles-Guyane.

28.11.23 PRIX

@ crédits

LAURIERS 2023 LES TALENTS D'INRAE

Chaque année, les Lauriers d'INRAE honorent la richesse des talents et des parcours de l'institut. En 2023, sept parcours remarquables ont été mis en lumière en présence de la ministre de l'Enseignement supérieur et de la Recherche et du ministre de l'Agriculture et de la Souveraineté alimentaire.
Philippe Langella, microbiologiste, a reçu le Grand Prix pour son parcours scientifique. Une carrière portée par l'innovation que constitue la découverte de l'intérêt de la bactérie probiotique *Faecalibacterium prausnitzii* pour lutter contre la maladie de Crohn. L'unité de service Agroclim a, elle, été récompensée par le Laurier collectif « Impact de la recherche », pour sa qualité d'analyse, reconnue depuis 54 ans, des variables climatiques et pour la compréhension de leurs effets sur les cultures. Les chercheurs, Olivier Therond, coordinateur de la plateforme MAELIA, Martin Beaumont, pour ses recherches sur le microbiote animal, et Sylvain Raffaele, pour sa contribution à la compréhension de l'immunité des plantes, ont reçu respectivement les prix « Innovation pour la recherche », « Espoir scientifique » et « Défi scientifique ». Évelyne Barbin et Dominique Fournier ont été récompensées ex æquo du Laurier « Appui à la recherche » en reconnaissance de leur soutien essentiel à la recherche.

26.01.24 AFRIQUE

TSARA : Transformer les systèmes alimentaires et l'agriculture
Lancée en mars 2022, l'initiative TSARA – Transformer les systèmes alimentaires et l'agriculture par la recherche en partenariat avec l'Afrique – confirme sa dynamique à l'occasion de sa 2e assemblée générale. Les dirigeants des 22 institutions membres, parmi lesquelles 20 africaines et 2 françaises (Cirad et INRAE), ont validé un agenda scientifique et un plan d'action co-construits par les représentants de ces institutions. L'objectif : promouvoir des systèmes alimentaires productifs, résilients, autonomes et durables, contribuant à la sécurité et à la souveraineté alimentaires, à la nutrition, créant des emplois de qualité, préservant les ressources et la santé globale. Accueillant 3 nouveaux membres, AgroParisTech, l'Institut Agro (France) et l'université Gaston Berger (Sénégal), l'initiative sera présidée par INRAE et l'ISRA en 2024.

31.01.24 PLATEFORME

Booster les biotechnologies européennes

Comment accélérer la montée en puissance des biotechnologies européennes pour soutenir la transition vers une bioéconomie circulaire au niveau mondial ? C'est le rôle d'IBISBA, une infrastructure de recherche européenne, qui réunit 14 partenaires de 9 pays. Elle veut développer les activités R&D en biotechnologies en mettant en relation les acteurs de la recherche et de l'innovation à l'échelle européenne, à travers un catalogue de services en ligne. Au printemps 2024, la France devient le pays hôte du siège d'IBISBA-EU et délègue à INRAE son pilotage.

26.03.24

CHANGEMENT CLIMATIQUE

@crédits

UNE CARTE DES RÉGIONS VITICOLES DE DEMAIN

Les raisins sont très sensibles au climat, notamment aux températures et sécheresses extrêmes. Partout dans le monde, des impacts sont observés sur leur rendement et leur composition, ainsi que sur la qualité des vins, avec des conséquences déjà constatées et à venir sur la géographie de la production viti-vinicole.

Une analyse approfondie des scientifiques d'INRAE, de Bordeaux Sciences Agro, du CNRS, de l'université de Bordeaux et de l'université de Bourgogne, a abouti à une cartographie mondiale de l'évolution du risque et du potentiel des régions viticoles actuelles et nouvelles face au changement climatique, publiée dans *Nature Reviews Earth and Environment.*

AGENDA

19 septembre 2024
[Campus Bordeaux Sciences Agro, en ligne]
L'empreinte carbone : trajectoires pour l'activité agricole et agro-alimentaire

Septembre 2024
[New York]
One Water Summit

1-4 octobre 2024
[Clermont-Ferrand]
Sommet de l'élevage

29-31 octobre 2024
[Montpellier]
Conférence euro-méditerranéenne sur la réutilisation des eaux usées

4-5 décembre 2024
[Paris, La Villette]
Rencontres autour des recherches sur les ruminants [3R 2024]

Décembre 2024
Fête internationale de la science

WWW...
inrae.fr/evenements

POUR ALLER + LOIN

SOCIÉTÉ

Quels défis pour des élevages durables ?

Documentaire
« La ferme des Bertrand »
De Gilles Perret,
Elzévir Film, 2024
url.inrae.fr/4atwrz4
Du début des années 1970 à aujourd'hui, le film suit l'évolution de l'exploitation laitière des Bertrand, mettant en lumière les moments de transmission, de travail acharné et d'intimité au sein de la famille.

Podcast
« Homéopathie, aromathérapie : ces chèvres sont traitées au naturel »
« L'esprit d'initiative »
sur France Inter, 2024
url.inrae.fr/4cMmhuP
Ils l'avouent, au départ, les chèvres, ce n'était pas leur truc : trois associés s'épanouissent désormais à la ferme des Damoiselles, à Coussegrey dans l'Aube. Ils fabriquent les produits Mademoiselle Chèvre. Et bichonnent leurs animaux au naturel.

DÉCRYPTAGE

Les maladies infectieuses sans frontières

Documentaire
« Épidémies, l'empreinte de l'homme »
De Xavier Deleu, Arte, 2023
url.inrae.fr/3TCjX0O
Une nouvelle maladie infectieuse émerge en moyenne tous les quatre mois à travers le monde, souvent issue d'un réservoir animal. Ce documentaire suit des chercheurs aux quatre coins du globe, virologues et épidémiologistes, qui traquent les agents pathogènes à l'origine des prochaines pandémies. Ils lancent un appel urgent à la préservation des écosystèmes et de la biodiversité. Saurons-nous les écouter ?

Podcast
« Une seule santé » (One Health)
« Avec Philosophie » France Culture, 2023
url.inrae.fr/4bhD9rY
Le concept émergent de « One Health » vise à mettre en lumière les relations entre la santé humaine, la santé animale et les écosystèmes et à faire le lien entre l'écologie et les médecines humaine et vétérinaire. Frédéric Keck, anthropologue, Frédéric Worms, philosophe, et Léonie Varobieff, doctorante en philosophie, discutent de la nécessité de repenser la santé humaine en tenant compte de ces interactions.

FUTURS

L'agriculture a-t-elle sa place en ville ?

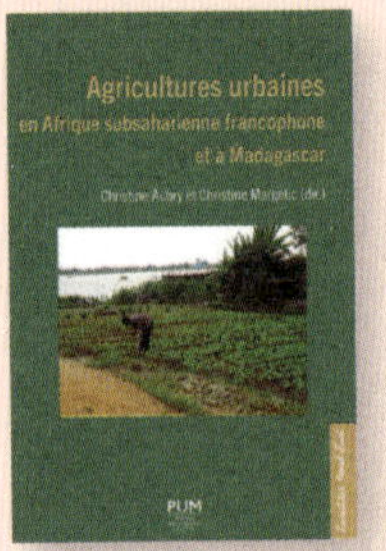

Agricultures urbaines en Afrique subsaharienne francophone et à Madagascar
Sous la direction de Christine Aubry et Christine Margetic
Presses universitaires du Midi, collection Ruralités Nord-Sud, 2023, 30 €
url.inrae.fr/3TTVLs3
Regards croisés d'une soixantaine de chercheurs africains et français apportant un éclairage précieux pour comprendre les dynamiques et perspectives de l'agriculture des villes de différentes zones d'Afrique subsaharienne et de Madagascar.

Les agricultures urbaines en France. Comprendre les dynamiques, accompagner les acteurs
De Christine Aubry, Giulia Giacchè, Françoise Maxime et Christophe-Toussaint Soulard, Éditions Quae, collection Savoir Faire, 2022, 29,50 € (ou ebook 19,99 €)
url.inrae.fr/3g5braH
Destiné aux étudiants, chercheurs et acteurs de l'aménagement urbain et agricole, cet ouvrage propose une vision complète des nouvelles formes d'agriculture urbaine en France.

Pourquoi mettre des fermes dans les villes ?
Article BD réalisé par Baptiste Grard et Mathieu Ughetti, paru en 2020 sur le média en ligne The Conversation
url.inrae.fr/4awuRf7
Le programme de recherche SEMOIRS a étudié pendant deux ans les services écosystémiques rendus par six micro-fermes à Paris et dans sa périphérie. Ces micro-fermes urbaines se présentent comme de nouveaux espaces végétalisés au cœur des villes, offrant divers services écosystémiques bénéfiques à la société. Récit en BD.

ET AUSSI

Compte Instagram @chaireagricultures urbaines
Retrouvez sur le compte de la Chaire Agricultures Urbaines d'AgroParisTech des ressources, des événements, des projets pour suivre presque en temps réel le développement de l'agriculture urbaine.

Podcast « Rêve la ville – Quelles gestions de nos terres agricoles ? »
Saison 3, épisodes 1 et 2 par Manon Terrasse
url.inrae.fr/3lYafRi
Doit-on penser le développement des villes au prisme de la gestion de notre foncier agricole ? Décryptage de ces enjeux avec Coline Perrin, chercheuse en géographie au sein d'INRAE à Montpellier, et Ségolène Darly, maîtresse de conférences à Paris VIII.

À voir

INRAE, l'extraordinaire quotidien
Portraits vidéos
url.inrae.fr/44ZdFNP
Découvrez les métiers inattendus de la recherche à INRAE

Interview de Philippe Mauguin, PDG d'INRAE
Paris-Saclay Summit Choose, 2024
url.inrae.fr/3HbKnQV
Comment nourrir une planète à la croissance démographique continue, dans un contexte de changement climatique omniprésent ? Philippe Mauguin expose sa vision de l'avenir, marqué par un changement des habitudes alimentaires et des méthodes de production.

Qu'est-ce que la sélection végétale avancée et quelles implications pourla société ?
Paris-Saclay Summit Choose, 2024
url.inrae.fr/3HwZjcL
Les outils d'édition génomique végétale soulèvent des questions réglementaires, éthiques et économiques. Certains les comparent à de nouveaux OGM, mais les scientifiques voient en eux des opportunités face au changement climatique. Cette conférence du Paris-Saclay Summit Choose Science réunit Isabelle Litrico [INRAE], Pierre-Benoit Joly [INRAE] et Francois Desprez [Florimond Desprez].

Podcasts

La colère du monde agricole
« L'invité du 8h20 » sur France Inter, 2024
url.inrae.fr/4aAUyvo
La géographe Sylvie Brunel, ancienne présidente d'Action contre la Faim, et Thierry Caquet, directeur scientifique Environnement d'INRAE, analysent la colère du monde agricole, alors que le Salon de l'agriculture 2024 ouvrait ses portes à Paris.

Édition

Atlas français des champignons du sol
De Christophe Djemiel, Sébastien Terrat, Samuel Dequiedt, Pierre-Alain Maron, Claudy Jolivet et Lionel Ranjard, édition Biotope, 2024, 35 €
url.inrae.fr/3vvkCJo
Les sols abritent une diversité impressionnante de communautés vivantes, où une simple poignée de terre peut contenir des centaines d'espèces de champignons ! Les chercheurs en écologie microbienne d'INRAE Bourgogne-Franche-Comté ont exploré cette diversité à travers le séquençage génétique, apportant ainsi une contribution précieuse à la compréhension et à la préservation de ces écosystèmes essentiels.

WWW...
Pour aller plus loin
→ www.inrae.fr

« Et si on ajoutait un joli toit-terrasse... Ce serait pas mal, non ? »

Du béton pour les abeilles

Vous avez sans doute déjà croisé en ville des « hôtels à insectes » en bois, mais ceux-ci s'abîmant rapidement, les scientifiques ont eu l'idée de tester des nichoirs en béton. Avec 52 nichoirs en béton installés dans 11 sites français en 2020, ils ont observé pendant trois ans une nidification réussie par 11 espèces d'abeilles, dont les *Megachilidae*. Une piste pour la biodiversité en ville où ils pourraient s'intégrer aux toits végétalisés, jardins partagés et mobilier urbain, favorisant la pérennité des abeilles sauvages et la pollinisation, essentielle à l'équilibre des écosystèmes. Une solution éducative aussi pour les populations au cœur des villes. L'objectif actuel est d'améliorer ces nichoirs en optimisant les conditions thermiques et en réduisant au minimum les risques de parasitisme par d'autres insectes prédateurs. •

Programme Odyssée – unité Abeilles et environnement à INRAE Provence-Alpes-Côte d'Azur